Scratch 3.0
少儿编程从入门到精通

戴凤智　袁亚圣　尹迪　编著

化学工业出版社
·北京·

Scratch 3.0是一款主要针对青少年的图形化编程工具，能够让孩子们了解编程思想，也让孩子们在动手中锻炼思考能力，在创作游戏中激发想象力与创造力。

本书共分为12章。第1～3章分别介绍Scratch编程语言、软件安装和基本使用方法。第4章介绍Scratch的三要素——积木、角色和脚本。第5～10章分别介绍Scratch 3.0中各积木的使用方法。通过设计吹蜡烛、海底世界、勇者斗邪龙等游戏，让孩子们真正在实践中学习和思考。第11章介绍如何制作自定义积木并开发出游戏。第12章是用Scratch编程控制乐高的EV3机器人。

本书适合6岁以上儿童和青少年自学或在家长与老师的指导下学习，也可以作为各教育机构的专业辅导教材。

图书在版编目（CIP）数据

Scratch 3.0少儿编程从入门到精通/戴凤智，袁亚圣，尹迪编著. —北京：化学工业出版社，2020.6（2024.11重印）
ISBN 978-7-122-36582-8

Ⅰ.①S… Ⅱ.①戴…②袁…③尹… Ⅲ.①程序设计-少儿读物 Ⅳ.①TP311.1-49

中国版本图书馆CIP数据核字（2020）第052750号

责任编辑：宋　辉　　　　　　　　　　　　文字编辑：袁　宁　陈小滔
责任校对：刘　颖　　　　　　　　　　　　装帧设计：尹琳琳

出版发行：化学工业出版社（北京市东城区青年湖南街13号　邮政编码100011）
印　　装：北京瑞禾彩色印刷有限公司
710mm×1000mm　1/16　印张12　字数206千字　2024年11月北京第1版第15次印刷

购书咨询：010-64518888　　　　　　　　　　售后服务：010-64518899
网　　址：http://www.cip.com.cn
凡购买本书，如有缺损质量问题，本社销售中心负责调换。

定　　价：56.00元

前　言

　　科学技术日益发展成熟，推动了人工智能的进步。人工智能已经不再只是电影、小说中的科幻，它正在逐渐改变我们的社会和生活。学习编程语言能够帮助我们认识、了解进而解决人工智能方面的一些问题。

　　如今对孩子的教育，更加注重培养孩子的想象力与创造力，让孩子形成良好的逻辑思维能力，使孩子能真正获得属于自己的"知识"。而编程，正是培养这一素质的"捷径"。

　　正因为如此，孩子的编程教育得到越来越多的关注。不但开设编程课和人工智能课，还开发出大量适合孩子学习的编程工具。其实单纯的编程工作是有些无趣的，孩子不一定能一下子理解编程思路，针对这一情况，专家提出了图形化编程的思想，不仅能将抽象的编程语言用有趣的图形显示出来，还能进一步激发孩子们的想象力。

　　本书所使用的 Scratch 3.0 正是一款主要针对孩子的图形化编程工具，通过使用 Scratch 3.0，让孩子充分了解编程思路，同时也让孩子在动手中锻炼思考能力，在欢笑中激发想象力与创造力。

　　本书共分为 12 个章节。第 1 章主要介绍什么是编程，用浅显易懂的语言和例子让孩子们对编程有初步的认识和了解。第 2 ～ 3 章介绍 Scratch 3.0 软件的下载方法和基本使用。第 4 章介绍 Scratch 3.0 的三个重要元素——积木、角色和脚本。第 5 ～ 10 章正式介绍 Scratch 3.0 中的各个积木及其使用方法。通过分门别类、逐个介绍的方法将主要思路融入 Scratch 的图形化编程中，设计了演奏乐曲、吹蜡烛、海底世界、迷宫探险成勇者、勇者斗邪龙等多个游戏，让孩子们能真正在实践中学习和思考。第 11 章介绍了 Scratch 中特有的自定义积木，能让孩子充分发挥自己的想象力，创建出自己的程序。第 12 章则将 Scratch 与乐高的 EV3 机器人连接起来，让孩子们体会到现实中用 Scratch 编程控制实际机器人的强大能力。

本书中的程序难度是随着积木的介绍而逐渐提高的，前几个游戏由于介绍的积木不多，难度比较低，能让孩子们快速上手。随着学习的深入，程序包含越来越多的积木，孩子们能充分体会每个积木之间的联系，以此将复杂的数学、逻辑等知识穿插在游戏中，真正实现寓教于乐。

本书以6岁以上儿童和青少年为对象进行编写。在孩子的学习过程中，家长与辅导老师的适度陪伴和指导也是不可或缺的。如果家长以前没有了解过编程，那么推荐家长和孩子一起学习；如果家长以前了解过编程，那么家长可以从编程的思路上指导孩子，让孩子更快地形成良好的编程思维。

本书在编写和整理的过程中，得到了天津科技大学戴凤智人工智能与机器人教材编写团队成员朱宇璇、赵继超、郝宏博、温浩康、张倩倩等的帮助，在此表示感谢。由于编者水平有限，在编写过程中难免存在不足之处，恳请广大读者指正批评。

编著者

目录

第 1 章

欢迎来到编程的世界

本章最主要的目的就是让小伙伴们理解：

什么是编程，我们为什么要学编程。

1.1 什么是编程

在讲编程之前，我们要先了解一下计算机。计算机也就是我们平时所说的电脑，我们通过鼠标和键盘在电脑上进行网页浏览和资料的查询，而编程也是在电脑上进行的。

编程，通俗地讲就是让计算机代替我们解决某些问题。若用比较正规的语言来解释，就是对某个计算体系规定一定的运算方式，使计算体系按照该计算方式运行，并最终得到相应结果的过程。为了使计算机能够理解人的意图，我们就必须将解决问题的思路、方法和手段通过计算机能够理解的形式告诉计算机，使得计算机能够根据人的指令一步一步去工作，完成某种特定的任务。这种人和计算体系之间交流的过程就是编程。

但是对于我们来说，这种解释可能会有些抽象。如果用比较形象的语言来形容，编程其实就和我们日常写字一样。为什么要写呢？是因为我们想记录或者

你知道吗？

计算机语言是为了解决人和计算机之间对话而产生的，它随着计算机技术的发展而不断变化。计算机程序设计语言分为三个层次：机器语言、汇编语言、高级程序设计语言。汇编语言和机器语言都是面向计算机的程序设计语言，不同的机器具有不同的指令系统，一般将它们称为"低级语言"。

1. 机器语言是以二进制代码表明的指令集合，是计算机中的中央处理器能唯一直接辨认、直接执行的计算机语言。

2. 汇编语言是第二代程序设计语言。它的特点是用助记符来表明机器指令，用符号地址来表明指令中的操作数和操作地址。用汇编语言编写的程序称为汇编语言源程序。

3. 高级程序设计语言简称高级语言，也称算法语言，是1950年末推出的第三代程序设计语言。用高级语言编写的源程序，也是需要翻译成机器指令才能在计算机上运行的。将源程序翻译成机器指令时，采用解说或编译的方法。不过不用担心，之所以被称为高级语言，是因为这种翻译成机器指令的工作不用我们去做，计算机自己就去完成了。

传达一些信息，简单来说就是用来写给人看，让人通过文字来理解我们想表达的信息。编程也与此类似，只不过我们平时写的是文字，而编程写的是计算机语言，它不是写在纸上，而是记录在计算机中。编程的目的是人想将一些信息传递给计算机，也就是人为了能够操控计算机才进行编程。

程序是语言的另一种表达方式。

写给父母的话
学习编程的意义

其实所谓的编程就是将人类的想法按照一定的编码规则，变成计算机可以识别的代码和语言，让计算机帮助我们实现数学运算、事物处理和信息查询等。人工智能的浪潮已经到来，上淘宝、天猫、京东购物，用滴滴打车，用支付宝、微信付款和理财，用百度地图导航，用12306手机APP购火车票……生活中使用的智能手机、软件APP，以及作为纽带的互联网，无不依赖我们人类编写的程序来驱动，可以说我们这个世界是需要软件来驱动的。通过学习计算机编程，我们可以更好地理解软件、理解世界的运行规律，更快地接受新事物。

编程也能够帮助青少年培养逻辑思维能力和抽象思维能力。为了使计算机能够理解人的意图，孩子们就必须要将解决问题的思路、方法和手段通过计算机能够理解的形式告诉计算机，使得计算机能够根据人的指令一步一步去工作。因此学习编程能够培养孩子的体系化思维、逻辑思维和抽象思维。经证实，80%的青少年在学习少儿编程后，自然科学理解能力有显著提升。

编程提升创造力，可以帮助孩子跳出思维定式。编的过程"就像创作艺术一样"，孩子们会享受到创造的乐趣。

编程还可以增强孩子的自信心，提高做事情的专注力。完成一个完整程序的制作能够有效提高孩子做事情的专注力，一个由自己一步步搭建起来的作品更是能够增强孩子的自信心。

编程将会像阅读和写作一样成为孩子最基本的能力之一。随着技术的发展，特别是智能时代的到来，编程已不是工程师的专利。**编程会成为下一个"通用语言"。**

编程能培养人的计算思维。计算思维就是利用计算机科学的基本概念解决问题、设计系统和理解人类行为的一种思维方式。计算思维中的核心元素是四部分：分解、模式识别、抽象、算法。具备了这四个能力，人们就能为问题找到解

决的方案。如果方案以程序的形式表现就可以在计算机上执行，若以流程或者规章制度的表现形式，则可以让人来执行。

与其控制孩子玩游戏，不如鼓励孩子编游戏。 爱玩是每个孩子的天性。电子游戏也是软件，而且是具备很强逻辑性的软件。很多爱玩游戏的孩子通常也是编程的高手。如果您的孩子因为沉迷于游戏而让您头疼，不如让他学习编程，通过编程的方法让他慢慢明白，游戏其实是程序员制作出来的软件。让他们从玩游戏寻找快乐转化为编写游戏来寻找快乐。

1.2 我们能从编程中得到什么

编程通常被认为是程序员的专属领域，一般，人们会觉得编程语言又复杂又抽象。其实，换一个角度来看，编程语言就和我们学习的英语一样，是一种语言，是让计算机能够懂得人类意图的语言。

编程与编程思维是有区别的。学习编程思维，并不是学习某一种具体的计算机编程语言，而是这些语言背后的思维逻辑。通过了解这些，来锻炼我们的大脑，培养创造性思维和批判思维，提高解决问题的能力。而编程思维的培养又是通过学习某种计算机编程语言来逐步实现的。

随着人工智能的发展，我们的生活、工作都越来越依赖于各种程序和系统。未来还会出现很多的基于科技的新工作，学习编程思维，能帮助孩子建立起面对未来的能力，即使不做具体的编程工作，编程思维也能够帮助我们在工作和生活中拆解问题，产生全新的创意。

举个例子：我们熟知的数字体系是十进制，逢十进位。我们平时生活中所用的就是这种数字，0、1、2、3、4、5、6、7、8、9，到10的时候进一位，由原来的一位数字变成两位数字，这就是十进制。再举一个其他进制的例子，一个星期有多少天？对，是7天，那么这是七进制。第二周的第一天相当于十进制的第八天，一个星期有7天，而两个星期是14天。一年有多少天？一年有365天，这是365进制。一年有多少个季节？四个季节，这是四进制。

计算机则没有那么多的进制，它是建立在二进制基础上的，二进制作为一种数字语言，只用到两个数字：0和1。二进制的0与十进制的0相等，二进制的1与十进制的1也相等。但十进制的2等于二进制的多少呢？要知道二进制只有数字0和1，那怎么表示2呢？

别忘了二进制之所以被称为二进制，是因为逢二进一。既然到了数字2，在二进制中就要进位了，因此用二进制表示2就变成了"10"。这样看起来是不是容易混？这个"10"到底是十进制中的10呢，还是二进制代表的2呢？所以我们用 $(10)_2$ 来表示二进制的"10"，也就是十进制中的2。这时"10"不能读作十，而应该读成"二进制的一零"。由此可以知道，十进制中的3表示成二进制就是 $(11)_2$，读作"二进制的一一"。与此对应，十进制的数字125可以表示成 $(125)_{10}$，但是因为十进制是最常使用的，所以默认写成125这样的数字就是十进制了。其他进制还是要写成有括号和右下角标的形式。

小游戏 二进制与十进制

我们用大拇指代表数字1，食指代表2，中指代表3，无名指代表4，小拇指代表5。同时伸出两个手指则代表两个数相加。那么图1-1所代表的数分别是十进制和二进制的什么数呢？

答案：如果表示的是十进制数，这个数就是3；如果表示的是二进制数，这个数就是 $(11)_2$。

图1-1　手指表示数字的游戏

游戏的原则和逻辑都很简单，但是要熟练地玩起来，却不是很容易。这是一个很好玩的游戏，大人和孩子一起玩，能够调动起整个大脑的功能，既能锻炼到逻辑思维能力，又能锻炼到视觉想象力。

编程思维，也可以帮助我们解决复杂问题。

比如，今天周日，小明在家要整理一下房间，那么怎么算是整理好了房间呢？我们可以给整理好的房间定义一个概念，即床铺整齐、东西收好、衣服收好、地板干净。可是当我们想要让小明将地板擦干净时，小明却不知道该怎么做，这说明我们没有将地板干净这一条指令具体化。所以我们需要思考如何使指令更容易操作，于是地板干净被细化成：

① 准备开始工作；

② 检查地面是否有尘土和纸屑，如果没有就不打扫；

③ 如果有，就拿着扫把把地板扫一遍；

④ 如果墩布很干就拿着墩布去卫生间润湿；

⑤ 利用洗涮好的湿润墩布将房间从里到外擦一遍；

⑥ 耐心等待地面变干；

⑦ 工作结束。

这个过程不仅要具体，而且还要注重顺序性。顺序对于程序来说是非常重要的，可以借助流程图来将整个过程直观地展现出来。流程图可以用于梳理各种复杂的事情，也能用于与他人分享你的想法。完整的打扫地面的流程如图1-2所示。

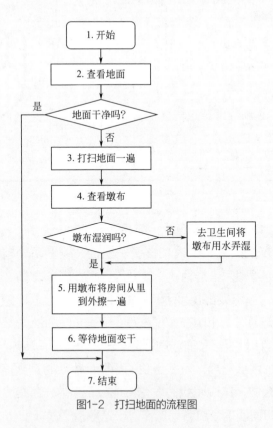

图1-2　打扫地面的流程图

编程也可以帮我们理解约束条件。

例如有一个著名的过河谜题：一位农夫带着一匹狼、一只羊和一筐白菜过河，河边有一条小船，农夫划船每次只能载狼、羊、白菜三者中的一种过河；农夫不在旁边时，狼会吃羊，羊会吃白菜；如何在保证羊、狼和一筐白菜都完好的情况下，把它们运到河对岸？

这里的约束条件是：①狼和羊不能在一起；②羊和白菜不能在一起；③一次只能运一样东西。

过河谜题的关键，是找到约束条件之外的信息，即这个谜题没有规定往返次数和是否可以把已经运到河对岸的东西再运回来。当你注意到了这一点，就会觉得答案很简单：

① 农夫带羊过河，把羊放在对岸，自己返回；

② 农夫返回来后带白菜过河，把白菜放在对岸，带羊返回；

③ 农夫把羊放在这边，带狼过河，把狼与白菜都放在对岸，自己返回；

④ 农夫最后带羊过河。

在我们生活的世界里几乎做任何事情都是有约束条件的。约束条件常常让我们感到不自由和受限制，然而换个角度来看，约束条件其实是在帮助我们高效地思考，把有限的资源用到一个由约束条件构建的小范围中。

在解答过程中，我们不仅需要关注约束条件，有时候更需要考虑没有给出的条件和信息，从这些看不到的地方寻找让人惊喜的答案。这个过程能锻炼到大脑的创造性思维。

第2章

进入 Scratch 世界

想必大家的心里已经对编程有一个初步的理解了吧，那么接下来，我们介绍一款适合我们接触编程的软件——"Scratch 3.0"，大家不仅可以在 Scratch 上编写自己的程序，也能和全世界的小伙伴们分享自己编写的程序。赶紧跟着我们的教程，一起来进入 Scratch 的世界吧。

2.1 Scratch的下载与安装

本书所涉及的内容是根据Scratch 3.0进行编写的。与前面的版本相比，Scratch 3.0采用HTML5的页面技术，支持横式和直式的图形式程序撰写，可以在iOS与Android手机平板及桌上电脑跨平台使用。重新设计了声音引擎（Audio Engine），程序画面的速度因为WebGL的加速而达到40fps，比Scratch 2.0的30fps快了很多，支持16∶9画面，未来课程中做出的小游戏会更好玩和更加流畅。

与Scratch 2.0相比，Scratch 3.0界面更新，将舞台区移动到右边，编程区放在中间，更加方便编程序；积木区不再严格分区，可以通过滑动鼠标来选择区块，减少点击率，增加了用户的体验度。整合并添加了插件模块，例如文字朗读模块，可以让角色真正地"说话"；翻译功能可以翻译多种语言；扩展了Makey Makey插件，把有创意和趣味性的硬件加进来；乐高EV3在新版本中可以使用，增加了应用场景。Scratch 3.0整体上的改动和进步都非常大，尤其是在核心思想上的"趣味"做得更好了。

官网网页的默认语言为英语，但是可以选择简体中文，如图2-1所示。

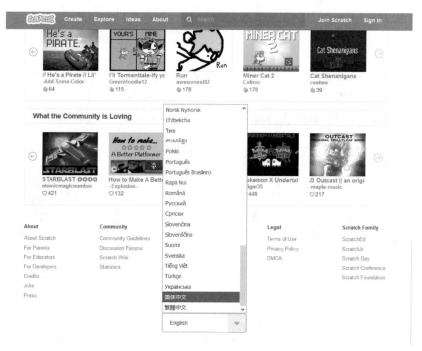

图2-1　Scratch官网画面

选择完语言后，可以看到界面都变为中文，这时点击图2-2中的"Download"来下载安装文件。

图2-2 下载Scratch安装文件

点击进去后，可以下载需要的版本，这里选择最新的Scratch 3.0。如果需要下载早期版本，可以在网页的底部找到，如图2-3所示的1.4和2.0版。现在Scratch 3.0支持Windows、macOS、ChromeOS和Android系统，此处我们下载Windows版，如图2-4所示。

早期版本

要查找Scratch 2.0离线编辑器或Scratch 1.4?

Scratch 2.0桌面软件 → 　Scratch 1.4桌面软件 →

图2-3 Scratch 1.4和2.0版安装文件

图2-4 下载Scratch的Windows版本

选取 Windows 操作系统后，可以从图2-5中的微软 Microsoft 商店中下载，也可以从网页上直接下载（Direct download），这里选择直接下载。

图2-5　选择下载地址

　　下载完成后在桌面生成安装文件，如图2-6所示。双击下载的程序后出现图2-7画面，根据指示一步步完成安装。

　　图2-8和图2-9分别为安装过程中和安装完毕时的画面。

　　安装完成后我们可以在桌面或开始菜单中找到 Scratch 快捷方式图标，如图2-10所示。双击它就能进入图2-11所示的 Scratch 编程界面。

图2-7　安装选项

图2-6　下载后的Scratch安装文件

图2-8　Scratch安装过程

图2-9　Scratch安装完毕

图2-10　安装完毕在桌面
生成的快捷方式

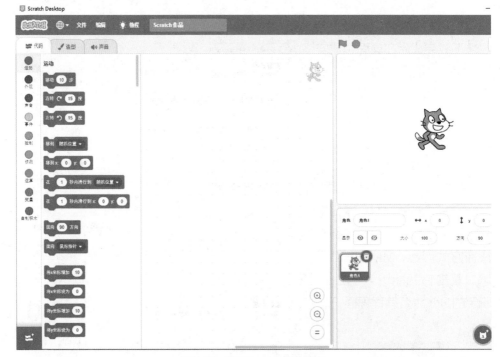

图2-11　打开Scratch后的界面

至此，Scratch 3.0安装完毕。

此外，在网络良好的情况下也可以使用Scratch 3.0的在线创作功能。打开Scratch官网，如图2-12所示，点击网站上方的"创建"（如果网页是英文的，则按钮显示为"Create"）按钮，等待网页加载完毕，就可以使用Scratch 3.0在线版直接编程了。

图2-12 在线创作作品

2.2 加入社区分享自己的作品

我们可以加入Scratch社区与全世界的小伙伴们一起分享自己的作品，也可以在社区中评判其他小伙伴的作品。

首先打开Scratch官网主页，如图2-13所示，点击网页上方的"加入Scratch社区"按钮。

图2-13 加入社区分享作品

等待网页加载完毕，在图2-14中根据对话框中的说明一步步完成注册。请注意用户名账号只能使用字母、数字、-和_符号。

图2-14 注册Scratch社区

接下来在图2-15中，所在地就选择China（中国），之后再输入生日以及邮箱就能完成注册了。记得要去邮箱验证一下，才能开启分享功能。

图2-15　选择所在地国家

注册完毕，我们可以使用在线版Scratch 3.0分享自己的作品。只有在线版可以实时分享到社区，若我们想要分享在离线版上完成的内容，需要先将离线版完成的内容保存在电脑中，然后打开在线版，使用如图2-16所示的"从电脑中上传"，将离线版的内容上传到在线版。这样就能实现离线版的分享。

图2-16　将电脑中的作品上传

分享作品时，可以在分享页面编辑游戏名称、操作说明、备注与致谢等，帮助其他用户了解你的作品，也可以通过评论功能来查看和编辑自己的评论。

第3章

初识 Scratch 3.0

大家成功下载 Scratch 3.0 后，看着这陌生的界面是不是感到无从下手？不要担心，接下来我们就带领着小伙伴们一起熟悉 Scratch 的界面，介绍各个部分的作用。

3.1 Scratch的常用设置

如果打开编程界面发现语言都是英文，可以切换成中文版，如图3-1所示。

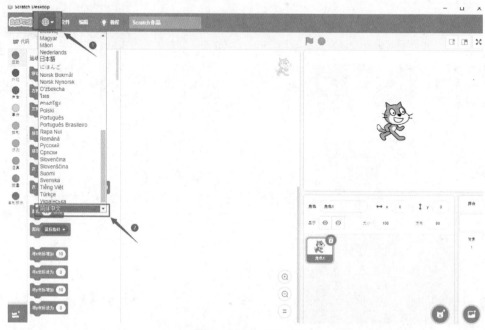

图3-1 切换不同的文字

如图3-2所示，在"文件"菜单里可以创建自己的新作品。在作品创作完成之后，千万别忘了将自己的程序"保存到电脑"。我们也能"从电脑中上传"自己创作过的作品。

图3-2 "文件"菜单

如图3-3所示，在"编辑"菜单中，可以开启加速模式大幅加快程序运行效率，但是角色是瞬间移动的，所以加速模式的本质是减少屏幕刷新次数，从原先的每1轮循环都刷新1次屏幕加速至比如每100轮循环才刷新1次屏幕。在我们平时的作品里，除了某些特定的场景，一般是不会开启加速模式的。

图3-3 "编辑"菜单

在图3-3中我们看到在"打开加速模式"选项上面的"恢复"选项是灰色的，这是因为它的功能是恢复已经删除的角色。当我们因误操作而删除了角色时，"恢复"就会如图3-4所示变为"复原删除的角色"，我们就可以复原刚才被误删除的角色以及角色内的程序。

图3-4 恢复误删除的角色

"教程"按钮可以让我们学习 Scratch 3.0 自带的各种教程。Scratch 自带的教程有很多，如图3-5所示，我们可以直接点击想要学习的教程，然后根据指示一步步操作。

图3-5 选择要学习的教程

3.2 Scratch的环境

如图3-6所示，Scratch的编程界面主要分为四个区域，分别是模块区、代码区、舞台区、角色区。

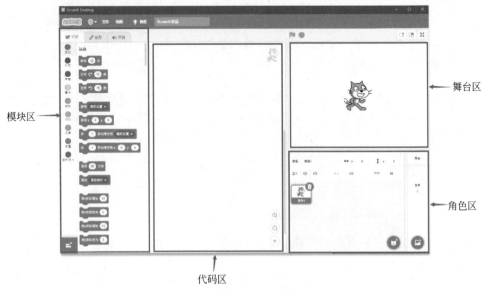

图3-6 Scratch 3.0的界面

模块区里面有代码、造型、声音三个选项。代码选项列出了所有的程序块（也叫做积木），我们利用这些程序块来编写各种小游戏。而在造型和声音这两个选项中的操作要通过代码区的程序块来体现，后面会有例子来详细解释它们。

模块区右边为代码区，也叫做脚本区。我们可以把模块区中的各种积木拖到代码区，把它们按照一定顺序拼接起来就是为每一个角色编写的程序。

代码区的右上角是舞台区，也就是程序演示效果的展示区，这里会展示角色、背景等信息，我们也能在舞台区观察程序最后实现的效果。如图3-7所示，舞台区上面有一排按钮。最左边绿色的旗子是程序执行按钮，可以通过单击它来执行我们编写的程序。绿旗旁边的红色八角形状的按钮是停止按钮，可以通过单击它来停止程序的运行。右侧的三个按钮是用来更改舞台大小的，三个按钮分别代表小舞台、大舞台以及全屏显示。

舞台区的下方为角色区，可以在角色区中添加、删除各种角色背景，也能对角色背景进行各种编辑。

开始与停止

调整舞台大小

图3-7　舞台区上的按钮

第 4 章

携带三大装备遨游 Scratch 世界

经过前面的准备，我们可以真正地进入 Scratch 世界了。要知道，在一个陌生的 Scratch 世界里冒险，三大装备是必需的，那就是积木、角色、脚本。

4.1 积木——快意江湖的手中剑

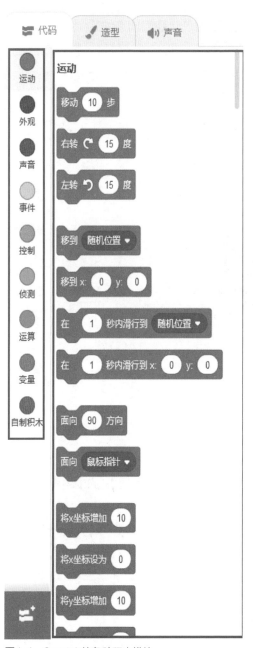

图4-1 Scratch的各种积木模块

趁手的兵器可以说是闯荡江湖时斩妖除魔必不可少的工具，而在Scratch世界中，积木就是我们冒险时的十八般兵器。积木平时储存在Scratch的"武器库"，也就是模块区中。我们可以通过选择模块区左侧的各个选项来选择自己需要的各种积木。如图4-1所示，积木模块主要分为运动、外观、声音、事件、控制、侦测、运算、变量、自制积木这九种，我们可以根据需要来选择不同的模块。在每种模块内部又包含各种积木，每一种积木都有不同的作用，就像我们行走在Scratch江湖时拥有的各种名剑。毕竟手有宝剑才能仗剑游江湖。

4.2 角色——行走江湖的众侠客

有了各种名剑还不是江湖，江湖中的主角应该是众侠客。在 Scratch 世界中冒险，是不需要我们自己手拿宝剑去冲锋陷阵的，让我们创造的 Scratch 角色作为我们的"替身"去行走江湖吧。如图4-2所示，把这些"替身"想象成自己，看着自己设计出来的角色在演出自己设计的情节，是不是也很痛快呀。

图4-2 Scratch中的角色

图4-2的舞台区上就是我们选择的角色，编写的所有积木块的内容都会体现在角色身上。如图4-3所示的"移动10步"的积木块，它的作用就是让角色向前移动十步。当然，角色的魅力远不止让它走来走去那么简单，让我们一起在后面的学习中慢慢掌握吧。

图4-3 表示移动的积木

4.3 脚本——荡气回肠的江湖事

　　一本武侠小说里面要有性格鲜明的角色，也要出现几种厉害的武器和秘籍。但是读起来引人入胜的更应该是故事情节，只有荡气回肠的情节才能把角色的特点和武艺的高超表现出来。在 Scratch 里，我们在代码区中编写脚本就是在创作故事情节，通过各种积木块的组合，各种角色进行着不同的动作，引导着情节的发展。但是如果我们希望 Scratch 中的一个角色手举宝剑发出具有威力的连击，并不是盲目地把各种积木块堆放在一起就行了，是要有一定组合规律和技巧的。

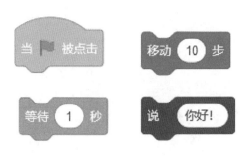

图4-4　一个脚本中的4个积木块

图4-5　完整的脚本内容

　　如图4-4所示，这是一个含有四个积木块的脚本，但是点击表示开始程序的小绿旗后发现，角色并没有按照我们的设想去移动。但是若将积木按图4-5排列，再点击小绿旗，会发现角色移动了。这就是 Scratch 的排列规则，需要将积木块像搭积木一样从上到下按顺序搭起来，让每一块积木下面的凸槽正好镶在下一个积木上面的凹槽中，这也是为什么我们将程序块称为积木块的原因。

　　如果我们在脚本区同时放置了如图4-6所示的两个小程序，这时在点击开始后会发生什么呢？如果是两条以上呢？小伙伴们可以自己动手试一试。

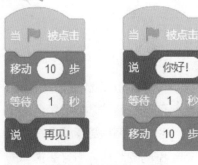

图4-6 在脚本区内放置两个小程序

点击小绿旗之后开始执行这个程序，我们发现整个程序的顺序是小猫先走了10步，等待1秒之后，小猫说"你好"。这个顺序正是我们程序从上到下的顺序。同时，这个顺序也是Scratch运行的标准，那就是从上到下依次执行我们所设计的积木。这一点我们一定要牢记。

如果我们拖拽错了积木块或者有些搭好的积木块不想要了怎么办呢？能把它从摆好顺序的程序中去掉吗？这时我们可以将不需要的积木块直接拖拽到模块区或通过"删除"指令去掉它。用鼠标选中不要的积木块并点击鼠标右键，这时大家会发现三个选项，分别为复制、添加注释和删除，如图4-7所示。选择"删除"就可以将被选中的积木块删除了。

图4-7 处理在程序中选中的积木块

在图4-7中，变色是复制选中的一个积木块放到其他地方，变色则能将当前选中的积木块删除。那么变色的功能是什么呢？注释就是对代码的解释和说明，其目的是让人们能够更加轻松地了解代码。添加的注释也能提醒我们一些必要的信息，防止隔一段时间之后我们忘记这些需要特别注意的地方。注释对我们整个程序是没有任何影响的，它更像是我们程序的"备忘录"。

第5章

创建角色

现在我们终于有了一些基础，拥有了进入 Scratch 王国进行冒险的资格。在设想的 Scratch 王国中，我们的第一个目的地为萨拉小镇，它是 Scratch 王国东南部的一个沿海小镇，物产丰富，镇中心有各种各样的设施。这个小镇十分适合作为我们冒险的起点，让我们就从这里出发吧！

5.1　创建背景与角色

　　首先我们要创建展现故事情节发展的背景，干脆就先在萨拉小镇的一个剧场让自己现身吧。Scratch的素材库提供了大量的素材，我们可以直接调用这些素材，十分方便。首先，如图5-1所示，我们在角色选单右边的舞台选单中单击"选择一个背景"按钮。

图5-1　选择舞台背景

创建角色与背景

　　打开背景库后，如图5-2所示，我们先选择"室内"分类中的"Theater"（剧场）看看效果。这时在舞台中就会显示剧场的背景，如图5-3所示。

图5-2　选择"室内"的"Theater"

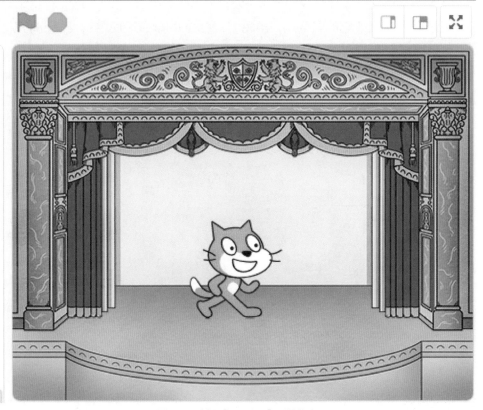

图5-3　选择"Theater"后的舞台

图5-4　可以上传自己喜欢的照片作为舞台背景

这样我们的剧院就设置完了。如果小伙伴们不想使用素材库中的素材，可以选择从电脑中上传自己创作的图片。如图5-4所示，在背景选单中选择"上传背景"，然后选择图片在电脑上的位置，就能调用我们电脑上的图片啦！请选择一张自己喜欢的照片作为舞台背景吧（比如以酒馆为背景，武侠小说里经常是这样的）。

Scratch

设置好背景之后，现在我们一起来设置故事中的角色。图5-5是Scratch默认的小猫造型角色（它的名字是"角色1"），我们可以直接使用它或者选择其他形象的角色。当然也可以如图5-6所示给角色改成其他的名字便于记忆和使用。

图5-5　Scratch中默认的小猫角色

我们也可以根据图5-5中的"显示"选项来决定是否在舞台上显示当前的角色。睁开的小眼睛表示角色可以展示在舞台上，而其旁边的画了一条斜杠的小眼睛则表示角色不显示在舞台上，被隐藏起来了。

图5-6　修改角色的名字

现在我们看到舞台上有个Scratch默认的小猫，但是我们并不需要这个角色，所以我们把它隐藏起来，如图5-7。当然，如果脚本中根本就不需要小猫这个角色，可以点击小猫图像右上角的"垃圾箱"删除它，不过现在先别删除，一会咱们做对比的时候有用。

隐藏小猫之后，我们点击图5-8中的"选择一个角色"图标，就会打开Scratch系统自带的角色库，在里面选择一个我们喜欢的角色。

在这里我们选择"奇幻"分类中的Giga火精灵作为故事中的角色。如图5-9所示，单击角色库中的相应

图5-7 隐藏暂时不需要显示在舞台上的角色

图5-8 选择角色

图5-9 选择角色造型

人物图案，就能将角色放置到舞台上。当然，你也可以选择一个其他的角色作为你的"替身"出现在舞台上。

　　这时我们可以看到在角色列表中出现了刚刚选择的Giga角色，当然还有系统默认的小猫"角色1"，如图5-10所示。但是因为已经对小猫进行了隐藏，所以在舞台上看不到小猫这个角色，舞台上只有Giga。

图5-10　添加角色Giga

　　我们的故事脚本中并不需要小猫角色，在这里是作为对比来说明"显示"与"隐藏"的效果。现在选中"角色1"小猫图案，再单击小猫右上角的垃圾箱标志，把这个角色删除，只保留我们刚刚选择的Giga角色。

　　现在角色列表中只有Giga一个角色了，我们可以给Giga取一个好听又好记的名字，这里我们叫她小红吧，如图5-11所示。

图5-11　给角色起新的名字

现在我们又发现小红的身体在舞台上显得太大了，我们可以调节角色的大小吗？可能细心的小伙伴们发现了，在角色设置一栏有一个"大小"的选项，这个选项可以用来调节角色的大小。如图5-12所示，我们将小红的大小通过鼠标点击和键盘输入调到50，意味着现在的大小是原来的一半，即50%。

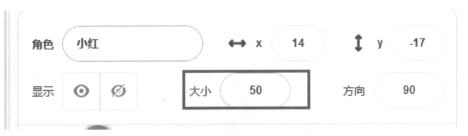

图5-12　调整角色的大小

你知道吗？

每个角色默认的大小都为100，将100这个值缩小就是将角色变小，将100值变大就是将角色放大。我们这里将100改为50，就是将小红缩小到原来一半的大小。

思考

如果我们有多个角色在角色列表中，那么我们怎么分别设置他们各自的状态呢？

答：通过鼠标点击不同的角色就可以分别设置每个角色的状态，他们互不影响。

将名字和大小设置完之后，我们发现小红并不在舞台中间，虽然我们可以通过鼠标拖动的方式来改变小红的位置，但并不是太准确。那我们怎么准确地改变小红的位置呢？

这里需要引入坐标系的概念，如图5-13所示，我们将整个舞台用两条互相垂直的直线平分，这两条直线分别为上下竖直方向和左右水平方向。同时我们规定左右水平方向的直线为x轴，上下竖直方向的直线为y轴，两条直线的交界处为原点，原点的x值与y值皆为0，即（x：0，y：0）。

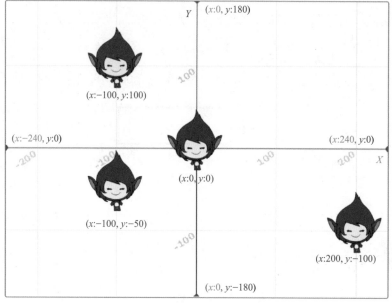

图5-13　建立角色移动的坐标系

这样我们就能通过改变x与y的值来改变角色所在的位置了，将角色向上移则增加y值，向下移则减少y值，向右移增加x值，向左移则减少x值。x与y值变化了多少就表示角色的移动步数。因此图5-13中（x：-100，y：-50）就表示角色从原点出发向左移动100步，向下移动50步。

这个坐标系是数学中的平面直角坐标系。如果小朋友是第一次接触到坐标系，不太明白也没关系，等到上中学时就会在数学课上详细学到这方面的知识了。目前能够看懂图5-13就足够了。现在把小红的x值设为0，y值设为-75。这样小红就如图5-14所示成功地站在剧场中间了。

5.2　利用外观积木改变角色造型

现在，我们来了解积木块中的外观积木，外观积木在模块区中是紫色的标志，如图5-15所示。顾名思义，外观积木就是用来改变角色外观的，那么外观积木都分为哪几种呢？

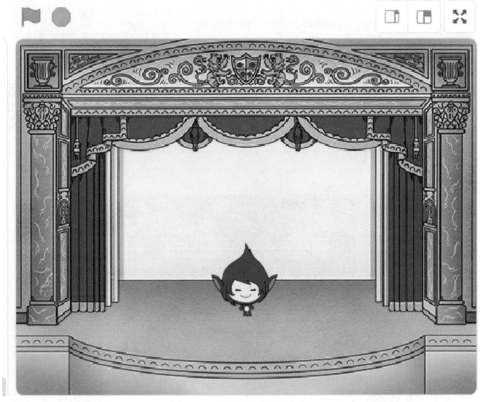

图5-14　创建好的背景与角色

（1）讲话积木

　　能让角色说话的积木，我们称之为"讲话积木"。讲话积木主要分为图5-16中的四种。

　　聪明的小伙伴可能已经猜出这几个积木块的意思了。没错，它们的功能就是在角色的头部出现对话框，而对话框中的内容和存在的时间都可以由我们设置。

　　现在让小红从舞台的左边移动到舞台中间，然后和大家说"大家好"，之后过2秒再说"我是小红"。请考虑一下如何编写脚本。

图5-15　外观积木

图5-16　讲话积木

033

首先，我们需要将小红移动到舞台左侧边缘，如图5-17所示，使用移动模块将其坐标更改为（x：-200，y：-75）。完成后 Scratch 上显示图5-18所示的画面。

图5-17 使用移动模块改变角色位置

移动角色

图5-18 将小红移动到舞台左侧

图5-19 使用运动积木实现角色的运动

设置完小红的初始位置后，我们将目光转到模块区中的"运动"分类。想要小红移动到舞台中间，运动积木是必不可少的，我们选择滑行积木，它可以将小红平滑地从初始位置移动到舞台的指定位置。这里，我们将目的地设为（x：0，y：–75），也就是剧场的中央位置（图5-19）。

除了滑行积木，还有什么积木可以让角色从舞台边缘移动到舞台中间？

答：其实最基本的运动积木就能达到要求，小红只要向右移200步就能从左侧移动到舞台中间。直接更改x坐标同样能达到要求。因此图5-20中的两个积木都能实现。

图5-20 可以移动角色的积木

但是这样的移动并不能算是"走"过去，而是瞬间的移动。要想一步一步走过去，应该使用"控制"模块中的等待积木。

在Scratch中，默认x方向上正数为向右移动，负数为向左移动；y方向上正数为向上移动，负数为向下移动。也就是说x方向"移动10步"为向右移动十步，"移动–10步"为向左移动十步。

接下来，我们就可以添加讲话积木来让小红开口讲话了。首先，小红要说"大家好"，维持两秒的时间（图5-21）。之后，小红再说"我是小红"（图5-22）。

图5-21 讲话积木1

图5-22 讲话积木2

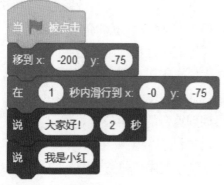

图5-23 小红的自我介绍

最后我们再把所有的积木块从上到下连接起来，如图5-23所示。

大家可能发现讲话积木与思考积木都能让角色说话，这两个有区别吗？

答：显示的对话框不同，除此之外没有什么区别。请试试看。

图5-24 造型积木

（2）造型积木

接下来，我们要学习的是外观积木里的"造型积木"，如图5-24所示。

我们先选择图5-25所示"代码"旁边的"造型"区。

切换到造型区后我们发现小红本身自带四个不同的造型，分别是微笑、开口笑、开口大笑、失望。其实每个Scratch自带的角色都会有自己独特的表情和动作，小伙伴们可以都尝试一下。此外，我们也可以通过图5-26所示的一些选项来编辑角色造型。

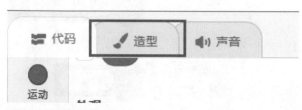

图5-25 选择造型标签

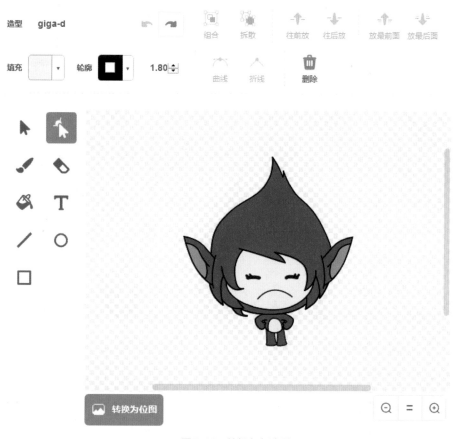

造型　giga-d

填充　　　▼　轮廓　　　▼　1.80⟳

组合　拆散　往前放　往后放　放最前面　放最后面

曲线　折线　删除

转换为位图

图5-26　编辑角色造型

当 ⚑ 被点击

换成 giga-a ▼ 造型

移到 x: -200 y: -75

在 1 秒内滑行到 x: -0 y: -75

换成 giga-b ▼ 造型

说 大家好! 2 秒

说 我是小红

图5-27　小红变换角色造型

　　图5-27显示的是小红说话前为微笑，说话后变为张口笑的脚本。

　　与角色类似，我们还可以在程序中改变背景。首先，如图5-28所示，选中背景。

　　转到图5-29所示的"背景"编辑中，可以看到现在背景有两个，分别为初始的白色背景1和我们添加的剧院背景2。在这里可以修改或删除背景。

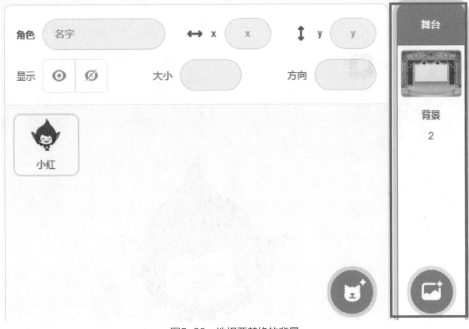

图5-28　选择要替换的背景

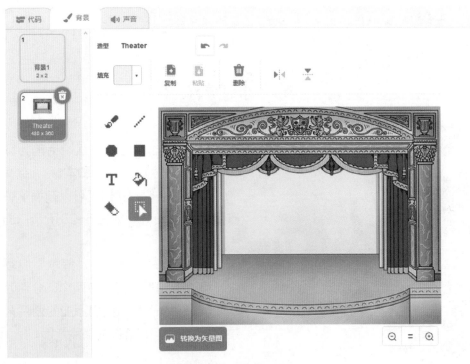

图5-29　对背景的处理

（3）角色积木

下面介绍外观积木最后的部分"角色积木"，图5-30是角色积木包括的内容。

大家是不是对里面的几个积木很熟悉呢？是的，有几个积木更改的正是我们刚刚在介绍角色时所用到的那几个属性。大家还可以如图5-31所示自由更改角色的颜色等特效。在Scratch中，颜色是按红橙黄绿青蓝紫的顺序排列的，其中红色由数字0来表示，紫色由数字175来表示。除了颜色，Scratch中的特效积木还有很多有趣的设置，大家可以自己动手设置体会一下。

小伙伴们可能注意到了图5-30最后三个积木前有方框，如图5-32所示。它的作用是确定是否将方框后面的文字显示在舞台上。比如我们如果勾选了造型前面的方框，就会如图5-33所示，在舞台左上方出现"小红：造型编号2"文字信息。

图5-31 更改角色的特效

图5-30 角色积木

图5-32 确定在舞台上是否显示信息

图5-33 在舞台左上方显示文字信息

补充 外观积木

5.3 让角色动起来

经过上面的介绍，想必大家已经稍微熟悉了如何操纵我们的"替身"角色。那么现在就设计一个小游戏，来考验一下大家对"替身"的掌握能力。

小红是Scratch大陆的火精灵，她有着隐身的功能，但是在隐身之后重新显示的时候身体却会变色。来看看怎么用程序实现吧。

开始的内容和刚才一样，用造型积木让小红微笑着从舞台的左边出现，然后使用运动积木让她走到舞台中间和大家打招呼。别忘了将小红的表情改为微笑，然后将小红从舞台左边移动到舞台中央，这段脚本如图5-34所示。

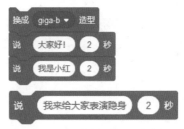

图5-34　小红微笑着走到舞台中央

小红移动到中心后，开始高兴地和大家打招呼并告诉大家她要隐身了，脚本如图5-35所示。

图5-35　小红和大家打招呼

这时小红开始隐身表演，利用的就是"隐藏"功能。如图5-36所示，隐藏之后等待两秒再显示出来，就完成了一次隐身的过程。

隐藏与显示

图5-36　角色的隐藏和显示

然后使用变色积木让重新现身的小红改变颜色，如图5-37所示。

颜色变化

图5-37　改变角色的颜色

之后，我们让小红从舞台右方下场，脚本如图5-38所示。这里我们用"隐藏"指令表示小红下场了。

图5-38　小红移动后隐藏

最后，我们将每个积木块按照顺序连接起来成为图5-39。

当 ▶ 被点击

换成 giga-a ▼ 造型

移到 x: -200 y: -75

在 1 秒内滑行到 x: -0 y: -75

换成 giga-b ▼ 造型

说 大家好! 2 秒

说 我是小红 2 秒

说 我来给大家表演隐身 2 秒

隐藏

等待 2 秒

显示

将 颜色 ▼ 特效增加 25

思考 咦，颜色怎么变了 3 秒

在 1 秒内滑行到 x: 200 y: -75

隐藏

图5-39　小红的完整脚本程序

完整程序

图5-39中，我们是在小红重新现身之后再让她变颜色的。那么如果让她在隐身的时候先变颜色之后再现身，会是什么情况呢？

答：理论上来讲，由于Scratch中程序的积木块是按顺序执行的，所以如果变色积木放在显示积木前的话一定是先执行变色积木，再执行显示积木。而如果变色积木放在显示积木后的话，就一定是先执行显示积木，再执行变色积木。按道理应该是有不同的效果，但是经过大家的尝试，可能会发现看不出两种方法的结果有什么不同。其实这是因为在Scratch中每个积木运行的速度都非常快，仅仅需要零点零几秒，所以在我们没有主动添加等待时间的情况下，是看不出来有什么不同的。现在请在图5-39的程序中"显示"与"将颜色特效增加25"之间添加"等待2秒"，就会看出不同来了。

如果执行过一次图5-39的指令，就会发现第二次再运行时小红就不见了。这是因为我们在程序的最后增加了"隐藏"的积木，而每次程序运行完，下一次再运行时是会保留上一次程序运行的结果的。所以我们需要在程序开头增加一个"显示"积木，来保证小红开始的时候肯定处于显示状态（图5-40）。

图5-40　修改后的脚本

同样，如果希望小红每次出场时的颜色都是红色，也可以在程序的开头放置"清除图形特效"积木。其实这就是程序的初始化：如果每次程序运行时都以某种固定的形式开始，那我们就把这些固定的形式放在程序开始的地方，让它们先被执行，如图5-41所示。

图5-41　程序的初始化部分

现在小伙伴们为自己在Scratch中找的"替身"已经在萨拉小镇的剧场中露面了。就在我们走出剧场时，王国使者已经在外面等候多时。原来Scratch国王在听说萨拉小镇来了一个神秘的冒险者之后想要亲自在王宫召见。在国王的盛情邀请下，小红和王国使者一同前往王国的都城。

添加声音

我们跟随使者来到了 Scratch 王国的都城，正巧两天之后就是公主的生日，国王也邀请我们参加公主的生日宴会。参加宴会肯定要有礼物，于是我们准备去拜访 Scratch 王国的著名音乐家，向他学习演奏优美的乐曲，在公主的生日宴会上演奏。

6.1 声音积木与音乐积木

王国的音乐家热情地接待了我们，我们在说明来意后，音乐家开始向我们讲解声音积木与音乐积木。来让我们一起学习吧！

（1）声音积木

如图6-1所示，首先学习声音积木。声音积木在模块区的"声音"选项内。

Scratch提供了多种声音供我们选择，只需要点击模块区上方的"声音"标签，如图6-2所示。当然我们也可以自己录制声音，如图6-3所示，选择"录制"选项。

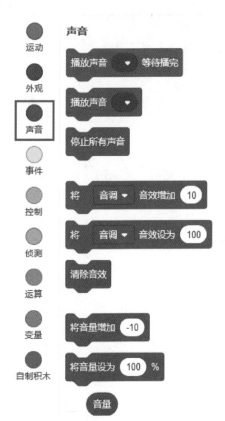

图6-1 声音积木

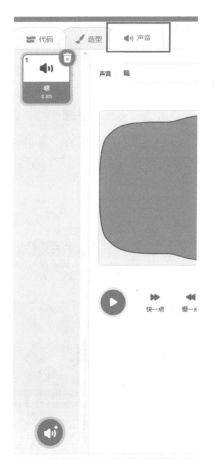

图6-2 声音标签

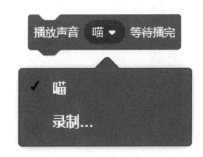

图6-3 可以选择已有声音或者录制声音

很显然，图6-3中单纯一个猫的叫声
"喵"是不能在公主的生日宴会上演奏的。我
们可以通过图6-4下面的小喇叭按钮来选择其
他的声音。点击"选择一个声音"按钮，就进
入了Scratch的声音库，如图6-5所示，在里
面我们选择"Alert"这个声音。

图6-4　选择声音

图6-5　Scratch声音库

图6-6　上传已有的声音文件

同样，我们还可以从电脑本地上传音频文件，
如图6-6所示。

选择完自己需要的声音后，我们也可以对声音
进行一些编辑工作，如图6-7所示。大家可以动手
试一下图6-7中各个选项都能有什么效果。

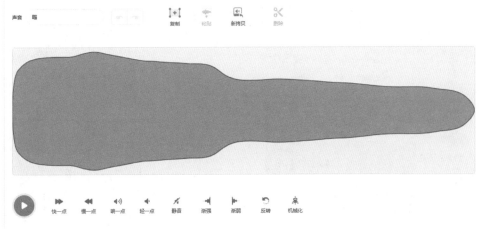

图6-7 编辑声音

图6-8 删除不要的声音文件

当我们不需要声音列表中的某些声音时,如图6-8所示,可以点击声音右上角的"垃圾箱"标志删除它。

图6-9 可以使用新加入的声音

回到代码区,如图6-9所示,我们发现可以选择"Alert"声音了。

图6-1的声音积木中还有许多其他积木,是用来增加音量或改变音效的,大家可以自己尝试一下效果。同样,如图6-10所示,我们也可以将音量信息显示在舞台上,这样可以方便对音量进行调节。

  小红: 音量 100

图6-10 将音量信息显示在舞台上

补充 声音积木

图6-11 点击扩展模块图标

（2）音乐积木

除了声音积木，我们也可以添加用来演奏音乐的音乐积木。音乐积木在模块区左下角的扩展区域。如图6-11所示，点击扩展模块的图标，我们可以看到许多Scratch自带的扩展组（图6-12），在里面选择音乐模块。

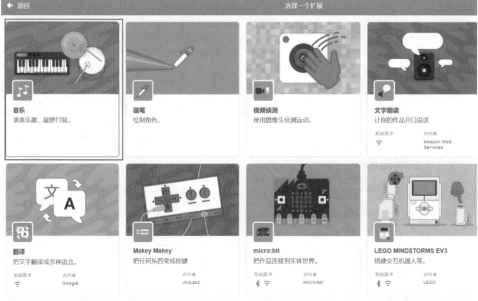

图6-12　在扩展模块中选择音乐模块

图6-13　音乐模块

选择了扩展的音乐模块之后，如图6-13所示，在模块区的最后就多出了音乐模块，点击之后就可以使用了。

我们可以这样简单地理解声音积木和音乐积木：声音积木可以用来确定音效，而音乐积木是用来演奏音乐的。让我们使用声音积木和音乐积木来组建一支乐队吧！

6.2 演奏乐曲

　　了解完声音积木与音乐积木后，我们该建立舞台与角色，准备演奏自己的乐曲了。为了增加神秘感与趣味性，我们让小红变身为电子琴的形象，所以先将小红角色删除。

（1）绘制角色

　　这次不再使用Scratch角色库中的角色，我们自己来绘制电子琴。如图6-14所示，通过直线和正方形工具与文字工具，绘制一个电子琴角色，它的名字叫"造型1"。电子琴角色中包括7个琴键，分别代表乐谱中的"Do Re Mi Fa So La Si"。

建议制作的电子琴

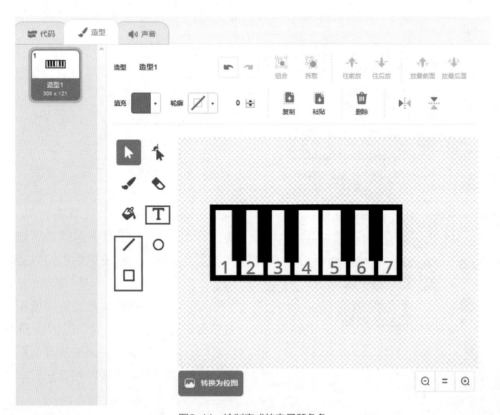

图6-14　绘制完成的电子琴角色

注意　　每个琴键都要分开创建，不能先直接画一个大的长方形再用线段分割。应该先画七个小长方形（分别对应数字1～7），再把它们排放在一起。也就是说每个琴键要各成一体，这样做是为了方便我们后期给它们上色。例如在图6-15中，绘制7个和琴键1一样的白色长方形，分别标注数字1～7。把它们排在一起，再加上5个放在白色琴键两两之间并涂黑的小长方形后，就成了图6-14的电子琴形象。

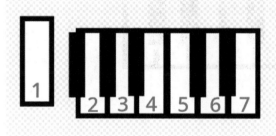

图6-15　自己绘制电子琴的琴键

创建造型

（2）改变造型

在图6-14中，用鼠标右键点击建好的"造型1"图标，利用复制选项复制出7个一样的造型，加上造型1一共有8个一样的造型，完成后如图6-16所示。造型1表示我们没有弹奏电子琴时的样子，而复制的7个造型（对应的名称分别为"造型2"至"造型8"）分别用来表示按下琴键1～7时的样子。因此对造型2至造型8的形象还要进行改造。

图6-16　电子琴的8个一样的造型（造型3至造型8）

现在从造型2开始分别对造型进行改造。造型2代表编号为1的琴键被按下时（对应乐谱中的"Do"）的情景，我们使用填充工具对造型2中的1号键进行颜色填充，可以填充自己喜欢的颜色，这里我们选的是红色。完成后效果如图6-17所示。

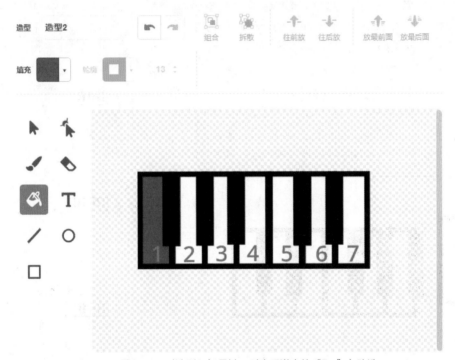

图6-17　对造型2（1号键，对应乐谱中的"Do"）改造

同样，对造型3则不填充1号键而是填充2号键，因为造型3代表2号键（对应乐谱中的"Re"）被按下。以此类推，依次改动造型的一个琴键的颜色，一直到造型8（7号键被按下）。全部完成后，电子琴角色的各个造型如图6-18所示（给出了造型3至造型8的形象）。

设置好电子琴角色的八个造型后，我们返回代码区。

（3）编写电子琴角色程序

首先，电子琴的初始状态应该是造型1，这是因为我们什么操作也没有进行的时候任何琴键都没有被按下。所以如图6-19所示，程序开始时设置为造型1（初始化）。之后我们调用刚才在扩展模块中新增加的音乐模块，将默认的"将乐器设为（1）钢琴"换成"将乐器设为（2）电钢琴"。

3

造型3

291 x 125

4

造型4

291 x 125

5

造型5

291 x 125

6

造型6

291 x 125

7

造型7

291 x 125

8

造型8

291 x 125

图6-18 改造后的电子琴角色的造型

之后我们开始设置每个音符，用琴键1、2、3、4、5、6、7分别表示音符中的"Do Re Mi Fa So La Si"。

当我们按下键盘中的"1"键时，我们希望演奏Do音，并且舞台上电子琴的1号键会变色（变成造型2）。当演奏完Do音之后再返回造型1。这一过程的脚本如图6-20所示。

这里小伙伴们可能会有疑问，为什么我们想要演奏Do音但是程序里是"演奏音符60"呢？这是因为在Scratch 3.0中使用的是MIDI音符表，也就是用不同的数字代表不同的音符。我们可以点击一下图6-20脚本中的数字"60"，就会展开MIDI中的琴键选择表，如图6-21所示。

演奏电子琴
程序

图6-19 程序的初始化

图6-20 按下键盘中"1"时的脚本程序

图6-21 琴键选择表

　　Scratch 3.0共有120个音符供我们选择，这里我们只选用7个音符（表6-1中的唱名1～7）。

表6-1　Scratch中部分数字、音名、唱名对应表

数字	音名	唱名	数字	音名	唱名
60	中央C	1	66		4#
61		1#	67		5
62		2	68		5#
63		3#	69		6
64	E	3	70		7#
65	F	4	71		7

　　"Do Re Mi Fa So La Si"分别对应表6-1中的数字1、2、3、4、5、6、7。我们仿照刚刚"Do"键的设定，把其余的音符分别设置给造型3到造型8。图6-22为修改完八个造型后的所有脚本程序。

　　这样，在我们按下"开始"键之后，点击键盘上的1、2、3、4、5、6、7就能演奏"Do Re Mi Fa So La Si"了，大家快试试吧。

　　除了我们演示的普通"Do Re Mi Fa So La Si"，还可以设置高八度与低八度的"Do Re Mi Fa So La Si"，只要将表6-1中与唱名对应的数字加12或减12就行。当然还需要重新绘制电子琴角色，因为还要添加很多新的琴键。理论上来讲，有了低八度、高八度与平度，我们就可以根据简谱演奏大部分乐曲了。

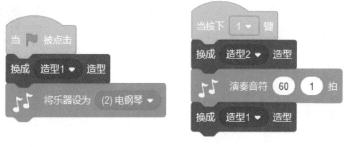

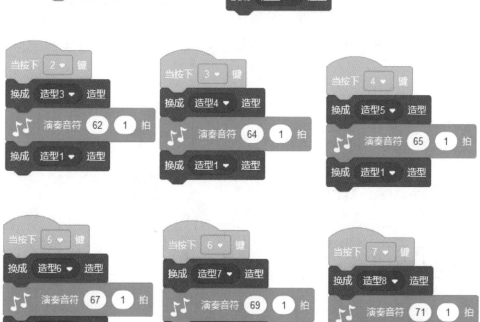

图6-22 八个造型对应的脚本程序

除了用键盘点击外，我们也可以通过点击鼠标进行演奏。与键盘操作不同的是，如果希望用鼠标点击操作，就不是创建刚才介绍的1个电子琴角色的8个造型，而是要重新创建7个不同的角色，每个角色分别代表一个琴键。这样我们才能用鼠标点击不同的角色时利用积木块 当角色被点击 来演奏不同的音符。请大家试一试吧。

6.3 编曲游戏

现在我们已经学会如何使用乐器，终于可以组建乐队来给公主庆祝生日了。

（1）创建角色

首先要新建两个角色用来给我们伴奏，这里选择图6-23所示的乐器鼓和电吉他。

（a）鼓

（b）电吉他

图6-23 选择的乐器

之后选择它们各自的声音（大家可以根据自己的喜好添加），我们这里选择了两个比较长的音乐作为伴奏。如图6-24所示，鼓演奏的是"Dance Celebrate"，电吉他演奏的是"Guitar Chords1"。

（a）鼓的伴奏乐

（b）电吉他的伴奏乐

图6-24 为两个角色选择伴奏乐

（2）为鼓和电吉他编写程序

当我们用鼠标点击鼓的时候，播放音乐"Dance Celebrate"。如图6-25所示，点击一下播放四遍。

注：在后面学习到"控制"模块后可以使用更方便的方法处理播放多遍的情况。

我们对电吉他进行同样的操作。用鼠标点击电吉他的时候，播放音乐"Guitar Chords1"。如图6-26所示，点击一下也播放四遍。

我们分别点击鼓和电吉他，就能使用不同的伴奏曲了。

（3）整理程序

最后，我们选一个如图6-27所示的好看背景。

图6-25　鼓的脚本程序

图6-26　电吉他的脚本程序

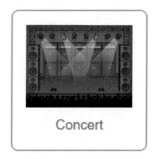

图6-27　选择的舞台背景

第**6**章

添加声音

057

Scratch

现在我们的乐队已经组建完毕，如图6-28所示，在这里除了平调又加了一个用字母Q、W、E、R、T、Y、U表示低八度（分别对应电子琴的48～59数字）的电子琴，因为我们演奏生日快乐歌时需要高八度的音调。让我们在伴奏下练习生日快乐歌吧！乐谱如图6-29所示。

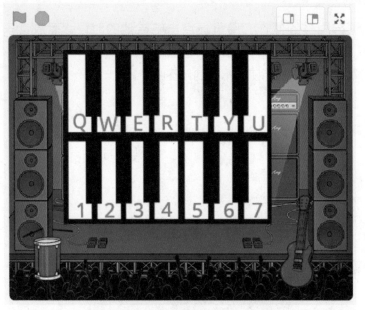

图6-28 创建的乐队舞台

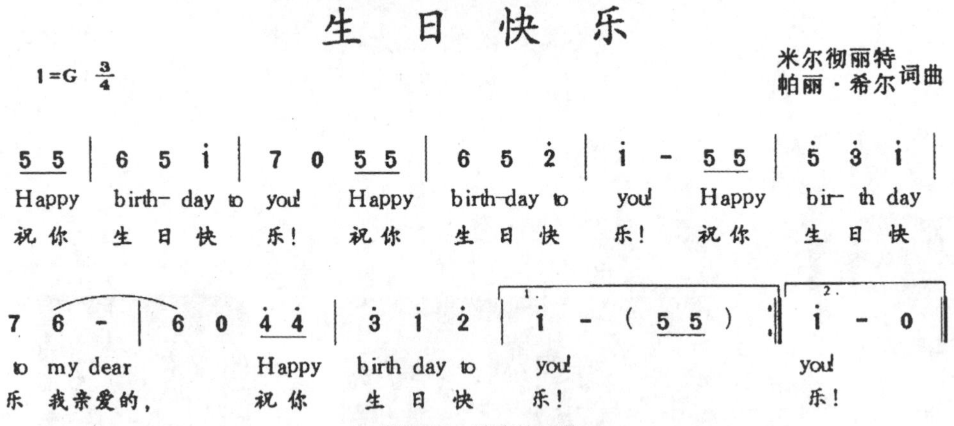

演奏乐曲

生 日 快 乐

1=G 3/4

米尔彻丽特
帕丽·希尔 词曲

5 5 | 6 5 i | 7 0 5 5 | 6 5 2 | i - 5 5 | 5 3 i |

Happy birth- day to you! Happy birth-day to you! Happy bir- th day

祝你 生日 快 乐! 祝你 生日 快 乐! 祝你 生日 快

7 6 - | 6 0 4 4 | 3 i 2 | i - (5 5) : | i - 0 |

to my dear Happy birth day to you! you!

乐 我亲爱的, 祝你 生日 快 乐! 乐!

图6-29 演奏的乐谱

乐谱中在数字下方有点的就表示降调，例如7。在数字上方有点的就表示升调，例如i。数字上下都没点的就表示平调，例如1。在只有平调和升调时，我们有时为了效果可以将平调变为降调，升调变为平调。图6-29的乐谱中只有平调和升调，为了演奏效果，我们将整体调子下降，所以图6-28中设置的两排琴键为降调和平调。小伙伴们也可以自己创造两个分别是平调和升调的琴键，听听哪种更好听。

有的小伙伴发现，我们按下琴键时响应时间较长，不能连贯地演奏，这时我们可以调节每个音符的节拍从而适应自己的演奏速度，如图6-30所示。

图6-30 演奏音符的节拍可调

在音乐家的指导和自己的努力下，我们已经初步掌握了音乐的操作。让我们在公主的生日宴会上奉献美妙的乐曲吧。

第**7**章

编写故事

我们向音乐家学习完之后，又发现了许多从来没有见到过的"事件"模块。于是在前往公主生日宴会的路上，音乐家又抽空向我们讲述了事件模块的历史与发展。

7.1 事件积木

事件积木在模块区的"事件"一栏中。和模块区的其他分类相比,事件积木的积木数较少(图7-1),但是它起到的作用却并不小。

事件

小伙伴们可能发现了,大部分的事件积木都是在积木的下面部分有小凸起而上面没有,说明这些积木都只能在下面连接其他积木块,而不能连接它上面的其他积木块,也就是说这些事件积木大部分是作为"开始"来使用的。还是让我们直接从游戏中学习事件积木的用法吧。

7.2 吹蜡烛游戏

在公主的生日宴会上,我们除了给公主演奏生日快乐歌之外,还给公主准备了一份礼物,那就是吹蜡烛游戏。

图7-1 事件模块

补充 事件积木

（1）创建角色

新建两个角色，分别是礼物盒与蛋糕。礼物盒在"所有"分类里，蛋糕在"食物"分类里。如果还是找不到，可以在Scratch的搜索栏中输入"gift"和"cake"查找，如图7-2所示。

（a）礼物盒角色　　　　　　　　　　　　　　　（b）蛋糕角色

图7-2　新建两个角色

（2）编写礼物盒程序

首先我们来处理礼物盒的脚本。我们希望点击"开始"后播放生日快乐歌，之后礼物盒从左往右移动，因此程序如图7-3所示，生日快乐歌的乐曲是"Birthday"（图7-4）。

礼物盒程序

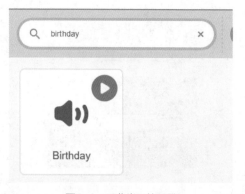

图7-3　礼物盒对应的脚本程序　　　　　图7-4　乐曲生日快乐歌

图7-5 选择背景Party

蛋糕程序吹蜡烛

然后我们选择一个背景，在图7-5中选择"Party"背景。当我们用鼠标点击礼物盒时，Party背景出现，礼物盒消失，这段程序如图7-6所示。

（3）编写蛋糕程序

我们对蛋糕进行设置，首先对蛋糕初始化，如图7-7所示。

如图7-7所示，蛋糕开始的时候是隐藏状态，而当礼物盒消失时，蛋糕显示出来，所以有了图7-8所示的脚本。

之后我们对着蛋糕上的蜡烛用力吹，记住要发出大的声音。当我们发出的声音大于50时，蜡烛熄灭（看来应该是对着计算机的话筒用力发出声音）。测量声音大小的脚本如图7-9所示。

因为需要测量发出声音的响度，所以千万别忘了把计算机的话筒打开，否则就是吹到刺耳蜡烛也还是在屏幕里亮着。

图7-6 礼物盒的程序脚本

图7-7 蛋糕角色的初始化

图7-8 变换成Party背景后蛋糕角色显示出来

图7-9 当声音响度大于50时，变换蛋糕造型

第 8 章

存储和访问数据

在公主的生日宴会上，公主非常喜欢我们的表演，为了表达对我们演奏以及礼物的谢意，公主将"变量"宝珠赠予我们，我们现在可以通过"变量"宝珠，来学习有关"变量"积木的知识了。

在Scratch中我们会遇到大大小小的各种数字，而那些可以被我们改变的数字，被称为变量。

变量就相当于宝剑上镶嵌的宝石，就算是同一把剑，嵌入不同的宝石也会改变剑的模样。通过改变变量，可以给予我们剑身不同的属性。所以不同的变量所代表的积木含义是不同的。

那么到底什么是变量呢？从字面上，它是"可以变化的量"。当我们定义了一个变量后，我们可以给这个变量赋不同的值。更形象一点来说，我们可以把变量看作是一个装水的容器，它可以装一点水也可以装满，还可以把容器里的水倒到另外一个容器中。总之它是一个另类的容器，它里面的内容是可以变化的。

（a）移动10步的指令　（b）移动2步的指令

图8-1　移动的步数可以是一个变量

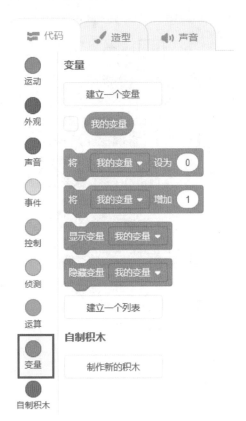

图8-2　变量模块中的各个积木

如图8-1（a）所示，积木的意思是让角色移动10步。但当我们利用鼠标选中数字10并通过键盘将数字改成2，这时积木的意思就变成了移动2步。在这个积木中，移动多少步就是一个变量。

8.1　变量积木

Scratch中有变量积木，如图8-2所示，它在模块区的"变量"分类中。

首先，我们可以通过点击"建立一个变量"按钮来创建自己的变量，点击之后会弹出一个"新建变量"窗口，如图8-3所示。需要给这个变量取一个明白好记的名字（比如叫作"得分"），并且可以选择是让它"适用于所有角色"，还是"仅适用于当前角色"，也称为全局变量与局部变量，这决定了变量的适用范围（作用域）。

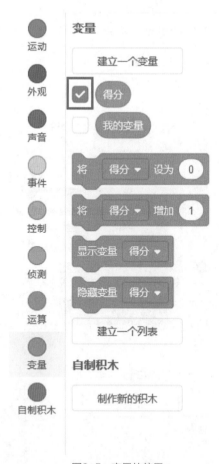

当我们选择"适用于所有角色"时，意味着我们创建的新变量对所有的角色都有作用，而"仅适用于当前角色"就是只能用于当前角色，其他角色不能使用与改变这个变量。之后我们可以通过在变量前面方框中打钩来让变量信息显示在舞台上，如图8-4所示。

图8-3　新建变量

有了变量之后，我们就能通过积木块来对变量进行操作。大家可以思考一下图8-5中的这几个积木分别代表什么意思。

从图8-5可以看出，能够将创建的"得分"这个变量直接拖入到其他的积木中。

图8-4　在舞台上显示变量信息

图8-5　变量的使用

注：如图8-6所示，对于"得分"变量［图8-6（a）］，可以直接被拖到其他积木中有圆形空白的地方［图8-6（b）］而变成图8-6（c）。

（a）变量　　　　　　（b）将变量拖入积木块　　　　　　（c）结果

图8-6　可以将变量直接拖入其他积木块

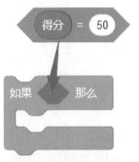

图8-7　条件积木

此时图8-6（c）可以看作是一个含有变量的新积木，完全和其他积木一样操作。例如可以把它放到条件积木中，如图8-7所示。

我们还可以手动把"得分"变量设为某个数，例如50，积木如图8-8所示。

我们也可以自由地增加和减少变量的值，如图8-9就是将"得分"这个变量的数值加1。图8-10（a）显示的是先让"得分"等于50，之后让它增加1，其结果就是图8-10（b）所示的51（50+1 = 51）。

图8-8　直接给变量赋值

图8-9　直接给变量值增加一个数值

（a）变量的加法计算　　　　　（b）计算结果

图8-10　变量的计算与结果1

得分　51

（a）变量的减法计算　　　　　（b）计算结果

图8-11　变量的计算与结果2

得分　49

那么如果是减少怎么处理呢？其实增加（-1）就相当于减少1。所以经过图8-11（a）的计算后得到变量"得分"的数值就是图8-11（b）的49（50-1 = 49）。

（a）显示变量信息

（b）隐藏变量信息

图8-12 在舞台上显示或隐藏变量信息

建立一个列表

图8-13 "建立一个列表"选项

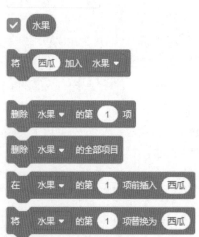

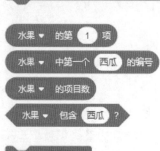

图8-14 列表的积木块

图8-12（a）和图8-12（b）分别为将变量信息显示或隐藏在舞台区。

除此之外，想必大家在图8-2中"变量"分类的下面发现了"建立一个列表"这个选项（图8-13）。

列表的概念和变量有点类似。如果变量是代表一个数在变化，列表则是表示一组变量。如果把变量比作可以装东西的盒子，那么列表就是有很多盒子的柜子，柜中每一个盒子都相当于一个变量。

列表既然这么有用，那么如何使用呢？

点击"建立一个列表"按钮，将会弹出"新建列表"窗口。给列表取一个好听易记的名字（如"水果"），选择它的适用范围。完成后会出现和"水果"对应的新增的积木块（图8-14），通过它们可以对列表进行一系列的操作和编程，包括向列表中添加、删除、替换项目，获取列表中的某一项及其编号，以及显示或隐藏列表等。如果选择了"显示列表"，列表信息就会显示在舞台上，如图8-15所示。

图8-15 列表信息显示在舞台上

有了列表，我们就可以自由地通过积木在列表里添加数据了。如果图8-16
（a）是编写的程序，那么执行结果就是图8-16（b）。

也可以如图8-17所示直接在舞台上添加数据。

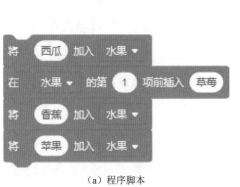

（a）程序脚本　　　　　　　　　　　（b）执行结果

图8-16　在列表中添加数据

图8-17　在舞台区给
列表添加数据

图8-18给出了删除数据的方法和删除结果。

（a）在列表中删除数据　　　　　　（b）删除后的结果　　　　　　（c）选中数据后可删除

图8-18　在列表中删除数据

图8-19 在列表中使用参数积木和条件积木

还可以使用列表中的各种参数积木与条件积木，如图8-19所示。

可以说列表的功能很强大，但相对于其他变量来说也有些抽象。小伙伴们可能一下子不能很容易地理解，但是没关系，我们在所有积木都学完后就会对列表有一个更深刻的认识。

8.2 变量的作用

我们在前面介绍了Scratch中的变量积木，那么变量积木在Scratch中起到了什么作用呢？

变量在编程中的作用是非常大的，最主要的就是用来指示"游戏的流程"，我们通过变量的设置与变化来提高程序的多样性与变化性。

举一个简单的例子，我们想通过变量来进行两个数据的交换。把变量想象成一个照相机，相机外壳上贴有标签，标签上写着这个变量的名字（例如"a号""b号"），每个相机里只存有一张照片（照片的内容可以是数字，也可以是短语"你好""苹果"等）。现在我们有两个这样的相机，标签上写有"a号"的相机中照片上的数字是1，"b号"相机里照片上写有数字2。

上面这段话如果用编程思维来介绍就是：名称为a的变量的数值是1，表示为$a = 1$。这个式子看似可以理解成a等于1，但实际上并不是这样的。正确的理解应该是：把数值1保存到变量a中（也就是把写有数字1的照片保存在a号相机里）。同样$b = 2$就是把数值2保存到变量b中（把写有数字2的照片存放到b号相机里）。

现在我们想交换两个相机中存放的照片，如何去做呢？可能有的小朋友是这么想的：这还不简单？用a相机把b相机中的照片拍下来保存在a相机里面，再用b相机把a相机原来的照片拍下来保存到b相机中就可以了。

如果真的是相机的话是可以的，一个相机可以存放很多照片。但是在计算机和编程中是不可以的，这里有这么一个规定，就是变量的数值是可以变的，但是一个变量不能同时有两个数值。也就是说不论是a相机还是b相机，在同一时间每个相机里面只能存有一张照片。

那么如何交换这两个变量里的数据呢？这时候我们需要再拿来一个没有照片的空相机来帮忙，就给它贴上"c号"吧。交换的过程如下。

① 开始的时候a相机中的照片上是数字1，b相机中的照片上是数字2。

② 取来一个没有照片的c号空相机。

③ 先用c号空相机把a号相机中的照片（数字1）拍下来保存到相机c中。此时a号和c号相机中都存有数字1的照片，b号相机中是数字2没变。

④ 再用a号相机拍摄b号相机中的照片（数字2）。此时a号相机中的照片变成了数字2，b号相机中的照片还是数字2，c号相机中的照片是数字1。

⑤ 最后再用b号相机拍摄c相机中的照片（数字1）。此时a相机的照片是数字2，b相机的照片是数字1，c相机的照片是数字1。从而完成了a相机与b相机中照片的交换。

把上面的用相机举例的照片内容变换过程利用编程思维变为计算机编程语言就是：

① 初始化：$a = 1$，$b = 2$；

② 引入一个临时变量c；

③ $c = a$（变量a中的内容给变量c）；

④ $a = b$（变量b中的内容给变量a）；

⑤ $b = c$（变量c中的内容给变量b）。

怎么感觉这么麻烦？还需要一个新的变量来帮忙才能完成数据的交换。刚开始的时候可能会有这种感觉，但习惯了就好了。而且过一段时间之后你会发觉这么考虑还是非常自然的。如果玩过"汉诺塔"的游戏或许更容易理解这些。如果还没有玩过，可以查阅一些资料，在家里或与朋友一起玩一玩。

言归正传，我们还是通过Scratch编程来加深理解吧。首先创建三个变量a、b、c，如图8-20所示。

然后我们将a与b分别赋值，如图8-21，令$a = 1$，$b = 2$。

最后我们依次将a的值赋予c，将b的值赋

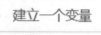

图8-20　建立三个变量a、b、c

图8-21　变量初始化

予a，将c的值赋予b。也就是c = a, a = b, b = c。图8-22（a）为将三个变量分别拉入对应的地方，图8-22（b）为最终的程序脚本。

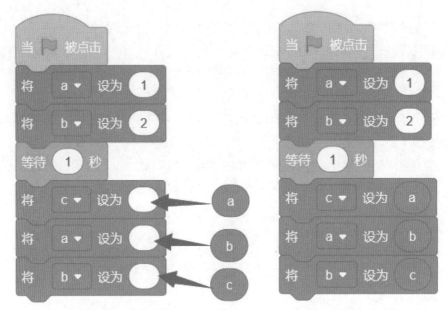

（a）将变量分别拉入对应的地方　　　　　　　　　　（b）完成的程序

图8-22　交换变量a与变量b中的数值

这样就成功地交换了变量a与变量b的值。

变量在 Scratch 中的作用远不止这些，往往与其他积木相结合才能达到更惊人的效果。我们需要在接下来的学习中多多练习，才能体会到变量的更大魅力。

第9章

学会控制魔法

在参加完公主的生日宴会之后，我们又去拜访了国王。国王身边站着一位眼神里充满智慧的老人，原来他就是 Scratch 王国的首席魔法师。魔法师在看到我们之后，被我们身上优秀的天赋所吸引，想要收我们为徒，传授我们神奇的控制魔法。在魔法师的讲述下，我们了解到"控制"是 Scratch 的核心，只有掌握了"控制"才算入门。现在就让我们在魔法师的指导下，了解 Scratch 的核心，也就是我们的控制魔法吧。控制魔法包括 Scratch 的控制积木与侦测积木。

图9-1 重复执行一定的次数

图9-2 无条件地重复执行

图9-3 重复执行直到满足某一条件

9.1 控制积木

控制积木是控制魔法的主体，在模块区的"控制"分类中，下面结合例子详细介绍。

9.1.1 循环

循环在我们所有积木块中具有举足轻重的地位。有了它我们就不必对重复性的程序逐行去编写。循环的作用其实就是重复执行某一段程序，所以要使用"重复执行"积木。重复执行有三种形式的积木，依次是重复执行一定的次数之后结束循环（图9-1）、无条件地重复执行（图9-2）、重复执行直到满足某一条件才停止循环（图9-3）。

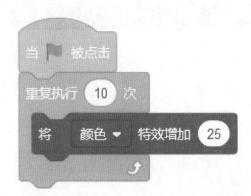

图9-1所示的循环为重复执行一定的次数。我们举个例子，利用第7章的"蛋糕"角色，使用重复执行10次来让蛋糕变色（这里的10次是可以改成其他数字的），程序如图9-4所示。

图9-4 使用"重复执行一定的次数"循环

蛋糕确实变色了，但是变得太快不方便观察。于是在循环里面加一个延时等待模块，如图9-5所示。这样我们就能清楚地看到蛋糕一秒一变色了。

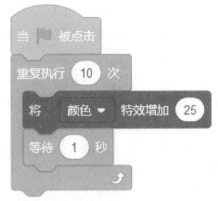

图9-5　加入延时等待模块，便于观察结果

图9-2所示的重复执行是无限循环。也就是说如果我们不点击Scratch的停止按钮，将会一直执行"重复执行"里面的积木。我们还以刚才的程序为例，将图9-5程序中的"重复执行10次"积木换成"重复执行"积木，如图9-6所示。现在这个蛋糕在我们点击停止按钮之前将会一直变色。

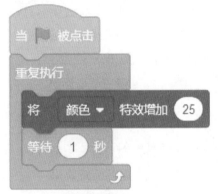

图9-6　无限重复执行指令

图9-3这个积木的含义为重复执行直到满足某一条件才停止。而这个所谓的"条件"是用六边形表示，如图9-7表示的条件就是空格键被按下。在后面学习到的"侦测"模块与"运算"模块中，也有这类带条件的指令。

图9-7　条件积木

我们还是以蛋糕为例，希望按下空格键时就停止变色。设计的程序如图9-8所示。

在执行程序时我们发现结果和我们希望的不一样，明明按下了空格键，蛋糕却没有变色。这是为什么？问题出在哪里？

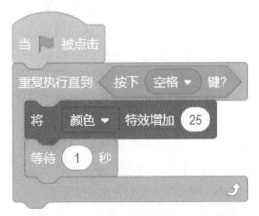

图9-8　使用"重复执行直到满足某一条件"的循环程序

这是因为我们在循环内部设置了"等待1秒"的命令，问题就在于此。在这里要告诉大家，计算机执行命令的速度非常快，执行每一条指令的时间大约都是零点零几秒或者更少。1秒钟对于我们来说感觉非常快，但对于计算机来说却是很长的一段时间，所以计算机在执行图9-8所示的程序时，大部分时间都是在"等待1秒"中度过的，其他指令都是瞬间完成。而在运行"等待1秒"期间如果我们按下空格键是没有任何作用的。

现在请按住空格键超过1秒试一试，我们发现程序终于停止了。这是因为如果我们按住空格键1秒以上持续不放开，"按下空格键？"这一条件就一直是满足的，在等待1秒过后，计算机自然能够立即接收到这条信息了。

如果我们直接将延时等待1秒的积木从循环中去掉，只要按一下空格键就能立即停止程序了。但是由于速度太快会导致看不清颜色的变化。那该怎么办呢？肯定是有解决办法的，我们现在先搁置这个问题。等学完了这本书看看小伙伴们是否能够解决它（答案见书末二维码）。

9.1.2 条件

很多时候我们需要先判断一个条件是否成立，然后再根据判断结果来确定要执行的操作。而条件积木就是用来判断条件是否成立的。比如放学回家后，先要看作业是否完成了，然后再决定做什么。如果没有完成作业就要打开书包写作业，如果作业完成了就可以和小朋友玩了。这时候就需要用到条件逻辑判断。

图9-9 带条件判断的积木

在控制积木中有带条件判断的积木，见图9-9。如果六边形内的条件成立，那么就执行里面的程序。

我们还是新建一个角色来举例说明。希望当按下键盘上的"→"时，让角色向右移。设计的程序如图9-10所示。

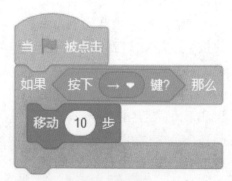

图9-10 有条件判断的程序

但是我们发现程序只闪了一下就结束了，再按"→"时就不起作用了。这是因为条件积木和普通积木一样，它只执行一次。所以我们需要添加一个循环积木，也就是让程序一直判断是否按下了"→"键。程序如图9-11所示，这样只要我们按下"→"键就能让角色向右移动了。

有时候我们希望达到这样的判断效果：当条件成立时就执行"那么"之后的积木块，而当条件不成立时就执行其他一些规定的语句。此时，需要用到图9-12所示的条件判断积木块。

还是利用刚才的例子，现在仍然是按"→"键就让角色向右移，但是我们让角色在不满足条件时旋转。程序见图9-13。

执行程序时就会发现，在没有任何操作的时候，角色会一直顺时针旋转。而当我们按下键盘上的"→"时，角色就会立即停止旋转，然后以角色当前方向为基准向右移动10步后继续旋转。

图9-14是另一种条件判断积木，在六边形内的条件成立前一直等待，直到条件成立后才执行其后面的语句。小伙伴们第一眼看到这个积木块是不是感觉与条件积木（图9-7）很像呢？其实它们两个所执行的功能是类似的，都是满足条件后执行后面的语句。不同的是图9-14所示的等待

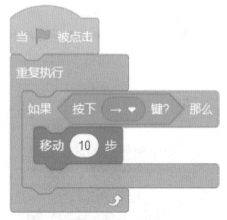

图9-11 条件判断放在了循环之内

图9-12 "如果……那么……否则……"积木

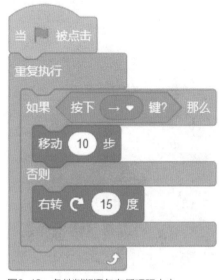

图9-13 条件判断语句在循环积木内

条件满足积木会一直处于等待阶段直到条件满足才到下一条语句，而图9-7的条件积木（如果不放在重复执行语句之内）只进行一遍判断。

图9-14 等待条件满足积木

9.1.3 停止与克隆

图9-15 停止积木

最后，我们来介绍"控制"分类中的"停止"与"克隆"。图9-15是停止积木。

停止积木与平时点击的停止按钮的作用是一样的，但它作为积木块可以自由地插在程序的末尾。同时我们在操控多个角色的时候，它也能用来停止某个角色而不影响整体的运作。

举一个例子。现在新建两个角色A与B，让它们都一直在转圈，程序如图9-16所示。

图9-16 角色重复右转

我们还规定角色A一直向右走，当遇到舞台边缘时就反弹。同时规定当按下空格键时角色A就停止。此时我们可以给角色A写两个脚本，点击开始的时候同时启动，如图9-17所示。

图9-17 角色A的两个脚本

这时我们按下"开始"后就会发现，角色A一边旋转一边移动，而角色B只旋转。按下空格键后角色A与角色B都开始原地旋转。我们再调整一下，将停止积木内的"该角色的其他脚本"改为"这个脚本"。这时按下空格键后会发现角色B继续旋转，而角色A只行走不旋转。这说明停止积木可以控制某个角色的某个脚本，而停止按钮是停止全部的程序。

"克隆"类积木（图9-18）相对来说比较简单，它就是用来复制角色本身，一般与运动积木和变量积木搭配使用。我们在后面的游戏中会详细解释克隆积木。

图9-18　克隆积木

补充　控制积木

9.2　侦测积木

侦测模块里的积木大部分都是用来侦测外部输入以及角色与背景变化的。主要分为六边形的条件侦测积木与椭圆形的数值侦测积木。条件侦测积木主要服务于"控制"类积木，数值侦测积木主要服务于"运算"类积木。同时，"控制"类积木与"运算"类积木又能相互结合使用。

图9-19给出了各种侦测积木。由于侦测积木需要和其余积木结合起来使用，所以我们能够在接下来的游戏编程中加深对侦测积木的理解。

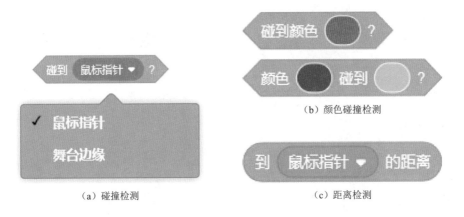

（a）碰撞检测　　（b）颜色碰撞检测　　（c）距离检测

图9-19

（d）鼠标键盘检测

（e）坐标检测

（f）时间检测

（g）询问检测

（h）响度显示

（i）其余检测

图9-19　侦测积木

9.3　深入海底世界

　　想必小伙伴们已经在大魔法师的教导下初步掌握了控制魔法的使用。大魔法师对于我们的进步赞赏有加，而就在我们准备继续进行Scratch王国的冒险时，一位自称龙王的恶者忽然降临到Scratch王国的首都，并用黑暗的力量覆盖了几乎整个王国，还抢走了善良的公主。国王恳求我们前往Scratch大陆最西端的大峡谷龙穴救出公主。于是我们在大魔法师的指引下从Scratch王国的首都出发，开始我们的屠龙之旅。

我们通过大魔法师了解到，Scratch王国曾经出现过一位勇者，他手持湖之仙女的圣剑打败了魔王，而圣剑则被湖之仙女封印在了Scratch的海底迷宫之中，静静等待着通过考验的人去获取。我们为了获得与邪龙一战的资格，决定先前往Scratch海洋之中获得圣剑。

在我们潜入海洋之后会遇到许许多多的生物，我们现在要打败足够多的敌人才能获得通往海底迷宫的钥匙。

创建角色与背景

图9-20　选择背景

图9-21　选择水下的背景

9.3.1　添加海洋生物

首先新建一个项目，然后单击右下角"选择一个背景"按钮，如图9-20所示。

在背景库中选择"水下"分类，Scratch库中一共提供两种水下场景，我们可以根据自己的喜好自由选择（例如图9-21中的Underwater 2）。然后把默认的白色背景删掉。

接下来，我们选择角色（图9-22）作为自己的"替身"去海底寻宝。这里（如图9-23所示）选择"奇幻"分类中的美人鱼作为我们的"主角"。

图9-22　选择角色

图9-23　选择角色美人鱼

还需要根据角色和舞台的大小调整一下美人鱼大小，并将名字改成"美人鱼"，如图9-24所示。

图9-24　设置角色

然后我们添加各种各样的海洋生物来丰富和完善游戏。添加"动物"分类中的螃蟹（Crab）、鲨鱼（Shark）、鱼（Fish），如图9-25中（a）、（b）、（c）。

（a）添加角色螃蟹（Crab）

（b）添加角色鲨鱼（Shark）

图9-25

（c）添加角色鱼（Fish）

图9-25 添加海洋中的生物

然后将三个角色的名字与大小更改一下，如图9-26（a）、（b）、（c）。

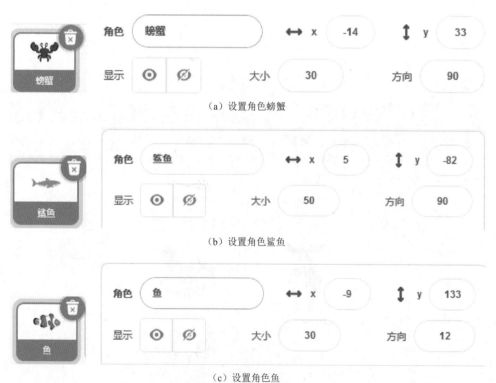

（a）设置角色螃蟹

（b）设置角色鲨鱼

（c）设置角色鱼

图9-26 设置三个角色

9.3.2 热闹的海洋世界

（1）鱼儿游起来

现在编写鱼的程序，让鱼动起来。我们发现图9-27（a）的程序会让鱼游动的速度较快，于是将步数调整为3步，如图9-27（b）所示。

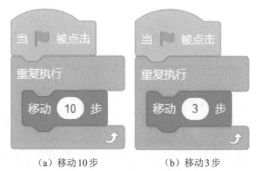

（a）移动10步　　　　　（b）移动3步

图9-27　编写鱼的基本动作

图9-28　添加新积木

图9-29　克隆（复制）出5个自己

图9-30　让每条鱼都动起来

当我们点击开始时，鱼已经可以在舞台上向右移动了。但是我们发现当鱼移动到舞台右侧边缘时就会停止，所以接下来就要解决这个问题，实现鱼在舞台上的来回移动。这就要添加一个"运动"分类中的"碰到边缘就反弹"积木，如图9-28所示。

海洋中如果只有一条鱼就太孤单了，而如果我们为每条鱼都建立角色，程序又显得过于臃肿。这时就应该用到前面已经提到但还没有解释的克隆积木，如图9-29所示。

1个真角色加5个克隆体，我们只用很短的程序就可以得到6条鱼。同时，我们再调整每条鱼的运动方向，如图9-30所示。

如果是6条一样的鱼也显得有些单调，为了提高鱼的多样性，我们在每次克隆的时候都改变一下鱼的造型，如图9-31所示。

现在虽然有了克隆体，但是我们发现只有那条真的鱼角色能动，克隆鱼全都"挤"在一起傻傻地待着。接下来让克隆鱼都动起来，如图9-32所示。

将前面的程序结合起来，这样克隆鱼就能够看起来有点活跃了，如图9-33所示。

图9-31　让每条鱼都不一样

图9-32　让每个克隆鱼移动
到随机位置动起来

图9-33　克隆鱼的程序脚本

　　最后就是针对角色鱼和克隆鱼编写的程序，如图9-34所示。现在点击开始按键，舞台上就能有6条不同的鱼在游动。

鱼的运动与克隆

图9-34　角色鱼和克隆鱼的程序脚本

（2）螃蟹的爬行

为鱼添加完脚本之后，现在再用相似的方法给角色螃蟹（图9-35）添加脚本。

螃蟹与鲨鱼的移动

图9-35　角色螃蟹

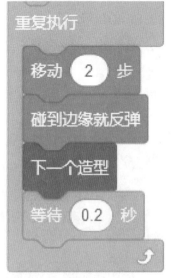

图9-36　螃蟹的基本动作

由于螃蟹移动较为缓慢，我们把螃蟹的步数改小一些，同时让螃蟹在移动时一直变换造型。如图9-36所示。

这里添加延时等待0.2秒的积木是为了让螃蟹造型的变化更加明显。同时，我们知道螃蟹只能左右横着爬行，于是我们设定螃蟹一直面向90度方向移动，如图9-37所示。

这样，螃蟹就能一直左右移动，而不会斜着向上或向下移动了。但这时我们发现螃蟹角色在碰到边缘时，身体会翻转"倒着"移动（图9-38），这明显是不符合现实的。

图9-37　角色螃蟹的动作

图9-38　螃蟹的异常移动

Scratch

我们想让螃蟹触碰舞台边缘后也正常移动，这时就要用到旋转方式积木的"左右翻转"选项了（图9-39）。

将旋转方式设为 左右翻转 ▼

图9-39 使用旋转方式积木

现在螃蟹就能正常地在舞台上左右横着移动了。同样，我们也对螃蟹的克隆体进行相应的修改。最终角色螃蟹和克隆螃蟹的程序如图9-40所示。

图9-40 角色螃蟹和克隆螃蟹的程序脚本

（3）鲨鱼动起来

鲨鱼体形较大，我们将鲨鱼的步数改为稍大一点。同时添加延时积木，让鲨鱼移动得更自然。图9-41为角色鲨鱼及其设置。

（a）角色鲨鱼 　　　　　　（b）鲨鱼的设置

图9-41　角色鲨鱼及其设置

同时我们规定场上只能有两条鲨鱼，所以把克隆数设置成1。也对鲨鱼的旋转方式进行设置，最终如图9-42所示。

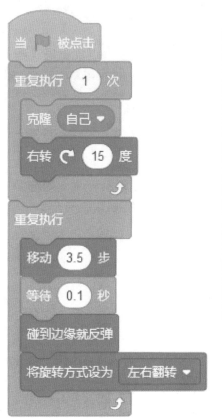 

图9-42　角色鲨鱼和克隆鲨鱼的程序脚本

图9-43 初始化美人鱼

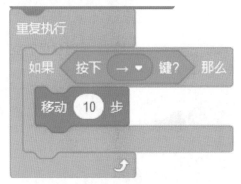

图9-44 控制美人鱼的移动

图9-45 加入等待时间

图9-46 向左移动

（4）主角美人鱼

接下来我们为美人鱼编写程序。和其他生物不同，美人鱼是游戏中我们的"替身"，所以我们让美人鱼能在我们的控制下移动。

首先，先为美人鱼设置初始大小、初始方向、初始位置，如图9-43所示。

当我们按下键盘上的"→"时，美人鱼可以向右侧移动，程序如图9-44所示。

再添加延时积木，如图9-45所示，不让美人鱼移动得太快。

同样，当我们按下键盘上的"←"时，美人鱼可以向左移动，程序如图9-46所示。

但是我们发现美人鱼向左移动是倒退着动，而我们希望美人鱼是先向左转，然后再移动。有的小伙伴可能会说，那么直接用面向积木，让美人鱼面向-90度不就行了吗。我们执行图9-47的程序后看一下效果。

图9-47 尝试新程序

图9-48 美人鱼倒过来了

哈哈，她怎么会是这样倒立着向反方向移动（图9-48）？

还记得刚才编写螃蟹的运动时使用的旋转方式积木吗？没错，我们这里也要将美人鱼的旋转方式更改为左右翻转。因为美人鱼进行了形象的左右翻转，所以我们想让美人鱼朝舞台的左侧移动，也就相当于让-90度的美人鱼向前移动。因此修改后的程序（图9-49）中最后一句是"移动10步"而不是图9-47最后一句"移动-10步"。这些程序和文字分析读起来有可能不好理解，但是只要将程序输入到计算机并执行一下，再修改参数对比一下结果，就会马上明白了。

在完成向左移动的指令后，我们也需要对向右移动的指令进行一部分修改，如图9-50所示。大家可以思考一下为什么要改。这是因为我们在

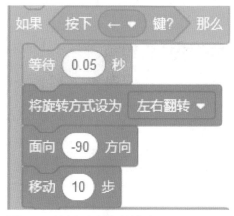

图9-49 美人鱼向左移动的指令

图9-50 修改后的向右移动指令

向左移动后，美人鱼的朝向已经变化了，再向右的话必须将朝向改回来。

当我们按下键盘上的"↑"时，美人鱼可以向上移动。这里我们有两种方法可以向上移动，第一种方法是通过更改美人鱼的角度，也就是让美人鱼面向水面的方向向上移动，程序如图9-51（a），效果如图9-51（b）。

美人鱼的上下移动

（a）向上游动的程序　　　　　　　　　　　（b）美人鱼角色的样子

图9-51　美人鱼面向水面方向向上移动（第一种方法）

注意　　图9-51的程序中，在"面向0方向"那里是不能使用左转或右转积木来调整美人鱼朝向的。这是因为根据程序每次按下"↑"后都会执行旋转指令。如果是那样美人鱼会做什么动作？请编程试一下。

第二种方法就是直接增加美人鱼的y坐标值来让她向上移动，程序如图9-52（a），美人鱼的效果如图9-52（b）。可以看出美人鱼还是以开始时的姿态直接向上移动。

（a）增加y坐标值向上移动　　　　　　　　　（b）美人鱼移动时的姿态

图9-52　美人鱼向上移动（第二种方法）

同样，当我们按下键盘上的"↓"键时，美人鱼向下移动，程序如图9-53所示。

这样我们就编写好了美人鱼的动作脚本，现在把这些程序连起来放在重复执行的积木中，如图9-54所示。

这样我们就可以通过操作键盘上的方向键来操控美人鱼的移动啦！

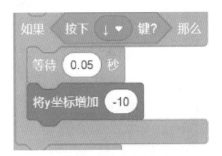

图9-53　美人鱼向下移动

9.3.3　海底寻宝之路

下面要完成的是这个游戏中最重要的部分。我们现在点击开始，可以发现各种海底生物已经能游动，我们也能操控美人鱼的移动了。但是看似平静的海底其实处处充满了危机，作为海底迷宫的守护地，肯定会有一定的危险。我们让美人鱼在海里筹集宝石，同时从各种鱼中获得力量增强自己。但是鲨鱼与螃蟹却在一旁虎视眈眈，鲨鱼抢夺我们以及鱼身上的宝石，而螃蟹则会削弱我们的力量。让我们通过自己灵活的操作，在鲨鱼与螃蟹的阻拦下收集足够多的宝石吧。

图9-54　角色美人鱼的动作程序脚本

图9-55 美人鱼角色

（1）当美人鱼碰到鱼时

现在，我们根据上面的故事完善美人鱼的动作，选择美人鱼角色（图9-55）。如图9-56所示，点击"变量"分类中的"新建变量"，添加一个名为"宝石数"的"适用于所有角色"的全局变量。

美人鱼规则

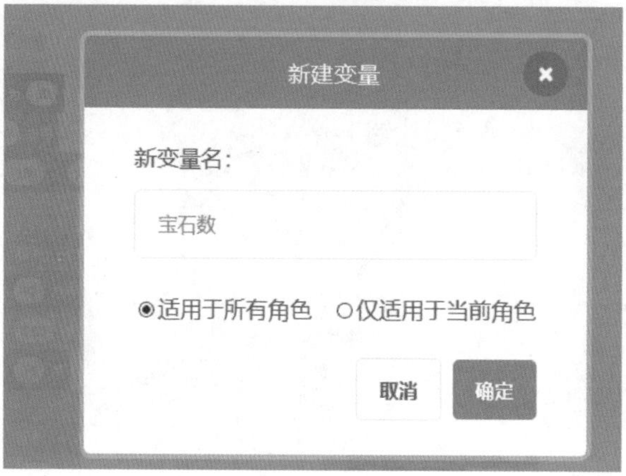

图9-56 添加新变量"宝石数"

现在可以在"变量"分类中与舞台上看到刚才新建的变量了，分别如图9-57（a）、（b）所示。

（a）在"变量"分类中的新变量　　　（b）舞台上新变量的信息

图9-57 新变量"宝石数"

图9-58 初始化宝石数

图9-59 将条件积木放到循环中

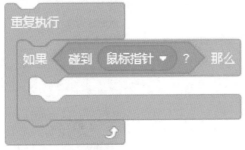

图9-60 添加侦测模块

下面逐渐添加程序，首先将宝石数设为0，如图9-58所示。

在"控制"分类中找到"重复执行"脚本，在"重复执行"脚本中添加条件积木，如图9-59所示。

单击侦测模块，找到"碰到鼠标指针？"积木块，将其拖到条件积木中"如果"后面的六边形里，如图9-60所示。

如图9-61（a）所示，用鼠标点击"鼠标指针"，将"鼠标指针"改为"鱼"[图9-61（b）]。

（a）点击原侦测对象

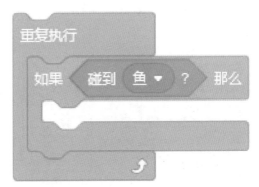

（b）变换成新的侦测对象

图9-61 选择侦测对象

我们希望利用图9-61所示程序，当操控美人鱼碰到鱼时，将宝石数增加1并且让美人鱼的体形变大。所以单击"变量"模块，把"将宝石数增加1"积木拉到循环中，变成图9-62（a）。然后点击"外观"模块，选择"将大小增加"积木，这里我们设置将大小增加5，进而变成图9-62（b）。

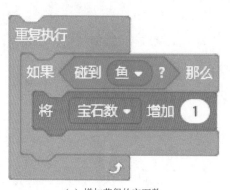

（a）增加获得的宝石数

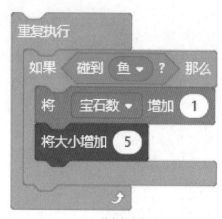

（b）美人鱼变大

图9-62　当美人鱼碰到鱼时的处理

（2）当美人鱼碰到鲨鱼时

而当我们操控美人鱼碰到鲨鱼时，就会将宝石数减少1。因此要从"控制"分类中找出条件积木"如果……那么……"，从"侦测"分类中拖出触碰条件积木，改为"碰到鲨鱼？"后放到条件积木中，如图9-63所示。

图9-63　开始编写美人鱼碰到鲨鱼时的脚本

然后从"变量"分类中找出"将宝石数增加1"积木，这里我们将"1"调整为"-1"，变成了"将宝石数增加-1"，也就是减少1的意思。此时的程序如图9-64所示。

图9-64　美人鱼碰到鲨鱼后减少一枚宝石

当宝石数最终变成"-1"时游戏结束。所以还要增加一个判断语句，判断现在的宝石数是否变成了"-1"。如图9-65（a），我们使用"运算"分类下的比较积木。将变量分类中的"宝石数"拖到比较积木的第一个椭圆形空白中，等号后的数字50改为-1，变成了图9-65（b）。

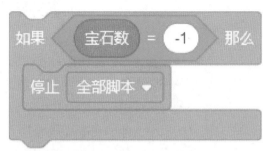

（a）添加比较积木　　　　　　（b）改变比较积木中的参数

图9-65　判断宝石数是否等于-1

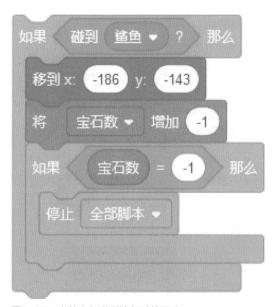

图9-66　游戏结束的条件

将其放入条件积木中，然后调用"控制"分类中的"停止全部脚本"积木，如图9-66所示。也就是说当宝石数变成"-1"时，游戏结束。

图9-67是美人鱼与鲨鱼相遇时的完整程序。

注：请参照上面这些程序尝试进行一些或大或小的修改，通过执行程序观看结果来学习编程是最好的方法。同时为了防止反复触碰鲨鱼，图9-67中规定，每当碰到鲨鱼后会将美人鱼移动到起始点。

图9-67　当美人鱼碰到鲨鱼时的程序

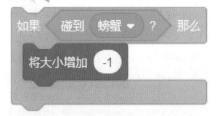

图9-68 美人鱼碰到螃蟹时尺寸减小

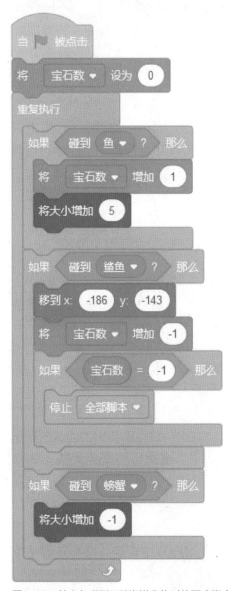

图9-69 美人鱼碰到三种海洋生物时的程序脚本

（3）当美人鱼碰到螃蟹时

现在编写螃蟹部分。当我们操控美人鱼失误而触碰到螃蟹时，会将美人鱼变小。所以我们需要使用"外观"分类中的"将大小增加"积木，将其中的10改成-1，这就是尺寸减小1，如图9-68所示。

规则补充

到此为止美人鱼的动作部分就编辑完了，图9-69是美人鱼角色碰到鱼、鲨鱼和螃蟹这三种海洋生物时的程序脚本。但是如果小伙伴们现在就开始进行游戏，会发现美人鱼如果碰到鱼后操作不当就会不停地无限变大，而当碰到螃蟹时又有可能不停地无限缩小。因此还需要对有关鱼和螃蟹的程序进行完善以避免这些情况的发生。

（4）当鱼碰到美人鱼时

和美人鱼角色的内容类似，同样需要设置鱼角色（图9-70）的条件积木。

图9-70 鱼角色

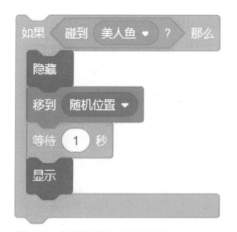

图9-71 当鱼碰到美人鱼时的程序

当鱼碰到美人鱼时，要先将鱼隐藏起来，然后移动到舞台的随机位置，等待1秒之后再显示出来，程序如图9-71所示。这样就可以避免操作不当的时候好像鱼和美人鱼一直在相遇而导致美人鱼不断变大。

然后我们将这部分内容分别放入鱼的主程序与克隆体程序的"重复执行"积木中，如图9-72所示。

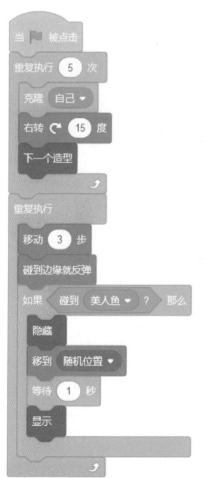

图9-72 完善后的角色鱼和克隆鱼的程序脚本

图9-73 螃蟹角色

（5）当螃蟹碰到美人鱼时

我们用相同的方法对螃蟹角色（图9-73）的脚本也进行处理，完善后的程序如图9-74所示。

到此为止整个游戏脚本终于完成了，其实仔细想一想还能有很多地方可以继续完善，咱们可以不断尝试。不管怎样，我们都已经很了不起了。现在赶快打开我们创作的这个游戏，看看能让美人鱼获得多少宝石吧！

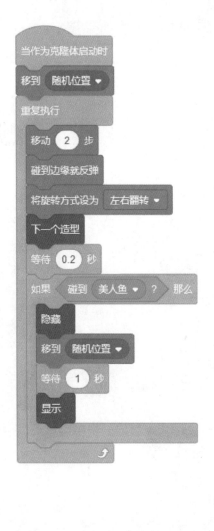

图9-74 完善后的角色螃蟹和克隆螃蟹的程序脚本

9.4 迷宫探险成勇者

小伙伴们深入危险重重的大海，终于到了保存着圣剑的海底迷宫。接下来，只要我们能够顺利避开危险的守卫到达迷宫最深处，就能获得通往圣剑所在的圣地钥匙。现在就让我们来设计迷宫探险这个新游戏吧。

（1）绘制迷宫背景

首先我们需要自己绘制迷宫地图，选择右下角舞台下面的绘制选项，如图9-75所示。

如图9-76所示，使用直线工具，将直线的宽度设为10。

图9-75 选择绘制功能　　　　图9-76 使用绘制功能中的直线工具

然后用直线工具绘制我们的迷宫，如图9-77所示。其实大家也可以自己动手画迷宫，但要保证在迷宫内从入口（左上角）到出口（右下角）至少有一条通路。

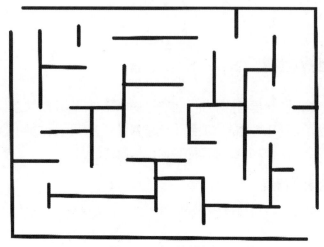

图9-77　动手绘制迷宫

我们就给这个新背景起名叫"迷宫",如图9-78所示。绘制出新的背景后,就可以把Scratch默认的空白背景删除了。

造型　　迷宫

图9-78　将绘制的迷宫命名为"迷宫"并作为游戏背景

(2)选择游戏角色

现在应用图9-79创建一个自己喜欢的角色,这里我们使用老朋友小红走路(Giga Walking)(图9-80)作为我们的游戏替身。

创建
角色

选择一个角色

图9-79　选择角色

图9-80　选择角色Giga Walking

为了让我们的角色能顺利通过迷宫，先将小红的大小调整为30，如图9-81所示。

角色	小红	↔ x	34	↕ y	38
显示	◉ ⊘	大小	30	方向	90

小红

图9-81　输入角色的状态

现在我们再创建代表通关的钥匙角色（Key），如图9-82所示。

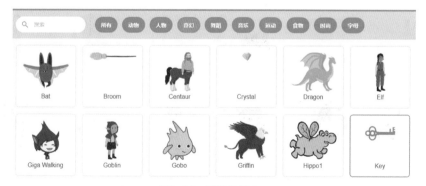

图9-82　钥匙角色Key

Scratch

同样，把钥匙大小调为30，并把钥匙放在舞台的右下角，小红放在舞台的左上角，如图9-83所示。

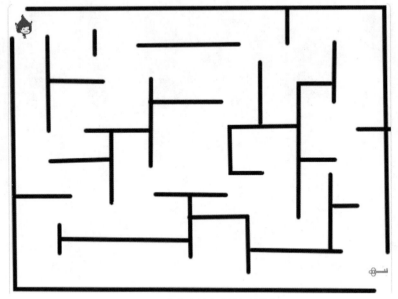

图9-83　角色在迷宫中的初始位置

危险的迷宫里少不了怪物"巡逻"。我们来创建怪物巡逻角色，这里使用"幽灵"（Ghost）作为怪物，如图9-84所示。

同样更改幽灵的名字与大小，如图9-85所示。

图9-84　选择游戏中的怪物Ghost

图9-85 角色幽灵的状态

（3）编写角色脚本

图9-86是幽灵的巡逻程序，让幽灵在满屏幕跑。

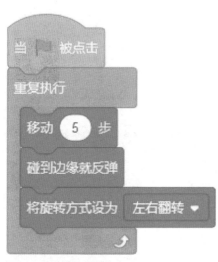

图9-86 角色幽灵的脚本

幽灵运动

图9-87 角色小红的初始位置

图9-88 选择按下键盘上的哪个键

接下来编写角色小红的移动程序。和上一节所讲解的美人鱼类似，我们现在需要创建小红的移动程序，通过键盘来控制小红的移动。

首先需要设置小红的初始位置，如图9-87所示。

然后我们用键盘控制角色的移动。在上一节我们使用重复执行与条件积木来编写角色的移动程序，这次我们选择使用"事件"分类中的积木来实现，如图9-88所示。

大家可以将程序编写出来吗？自己动手试试看。图9-89给出了我们的答案，和你编的程序比较一下有什么不同吗？

现在小红的移动程序写完了。大家也可以添加更换造型积木让小红在移动时更换造型。

我们现在来制定一下游戏规则，当我们碰到黑色的"墙壁"与"巡逻兵"幽灵时，我们会被传送到迷宫的入口处重新开始走迷宫。

另一种移动方式

图9-89 用方向键控制小红移动

这时就需要通过颜色侦测积木来判断是否碰到了黑色的"墙壁"，如图9-90。

图9-90 侦测碰到了哪种颜色

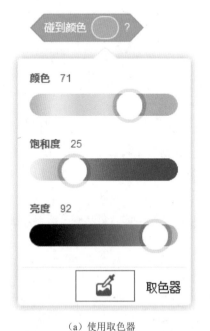

我们可以通过取色器来自动取"墙壁"的颜色。点击图9-90的颜色侦测积木中椭圆形的部分，出现图9-91（a）的样子，选取最下面的取色器（一支试管在一张图片上面的形象）并用它来扫描一下迷宫的墙壁[图9-91（b）]，就会自动得到墙壁的颜色。

（a）使用取色器 　　　　　　（b）扫描迷宫墙壁获得颜色值

图9-91 利用取色器获取迷宫墙壁的颜色

迷宫规则

图9-92是完成的小红碰到迷宫墙壁和角色幽灵时的脚本。

现在我们来编写通关程序。在触碰到钥匙之后，钥匙会将我们传送到"圣地"，我们将从"圣地"获得"圣剑"，成为勇者。

图9-92 小红碰到迷宫墙壁和幽灵时的程序

首先增加一个背景（Space），并将背景名称叫做"圣地"，如图9-93所示。

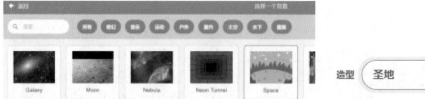

（a）背景Space （b）名称改为"圣地"

图9-93 增加背景"圣地"

然后添加一个"圣剑"的角色。这里选择从自己计算机上传的一张"圣剑"图片，大家也可以自己绘制圣剑图片作为角色使用。图9-94为上传图片时需要使用的选项。

别忘了还要设置圣剑的大小和位置，如图9-95所示。

图9-94 上传图片作为角色的形象

迷宫逃离程序

图9-95 设置圣剑的大小和位置

108

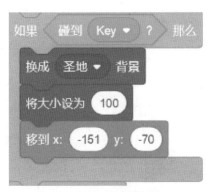

图9-96　小红到达圣地时的脚本

当小红在迷宫里拿到钥匙时就要转换到圣地的场景，所以还要有改变背景的指令。到达圣地后将小红的大小恢复原状并移动到舞台左侧。程序如图9-96。

由于我们改变了场景，所以需要将上一个迷宫场景中出现的钥匙与幽灵都隐藏起来，也需要将原先隐藏的"圣剑"显示出来。怎么才能在小红转换场景的过程中让其他的角色隐藏或显示出来呢？

还记得我们在前面曾经提到过的在"事件"分类中的广播积木吗（图7-1）？通过广播可以将信息发送给所有的角色。用于广播的积木有三个，如图9-97所示。

当小红拿到钥匙后就利用广播的功能向所有的角色发布"获得钥匙"这一信号。程序如图9-98所示。

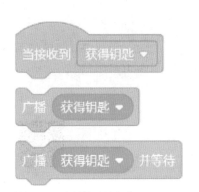

图9-97　广播的三种方式

图9-98　小红拿到钥匙后就转换场景并发出广播

当收到广播后，钥匙和幽灵就都隐藏起来，而圣剑则显示出来。程序如图9-99所示。

（a）收到广播后钥匙隐藏起来

图9-99

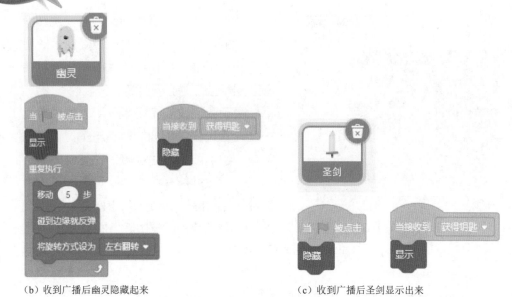

（b）收到广播后幽灵隐藏起来　　　　　　　　（c）收到广播后圣剑显示出来

图9-99　收到广播后各角色的反应

这样，我们就可以通过"广播"来控制相应角色的显示与隐藏了。

现在我们来继续完成图9-99（c）中圣剑的程序。当圣剑碰到小红时就会发出"恭喜成为勇者"的字样并结束游戏。圣剑的程序如图9-100所示。

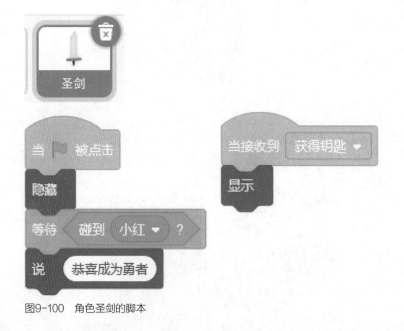

成为勇者

图9-100　角色圣剑的脚本

最后我们再重新设置一下小红的初始化程序，整个游戏就编写成功了。小红的程序如图9-101所示。

小红

图9-101　角色小红的脚本

背景及邪龙的移动

9.5 勇者斗邪龙

　　穿过了魔幻的海洋，走出了危险的迷宫后，我们终于获得了圣剑，拥有和邪龙对抗的资格了。现在就让我们前往大峡谷的对面，去邪龙的巢穴讨伐它，拯救公主和Scratch王国吧！

　　首先，还是利用图9-102设置我们的舞台背景。这里我们选择的是"奇幻"分类中的森林（Woods），如图9-103所示。

图9-102　选择背景

图9-103　森林背景（Woods）

9.5.1　角色邪龙及其魔法

（1）角色邪龙

首先我们创建"邪龙"角色，是"奇幻"分类中的Dragon（图9-104），并完成它的角色信息（图9-105）。

图9-104　角色邪龙

图9-105　角色邪龙的形象信息

邪龙嘴里可以吐出危险的魔法弹，同时还具有腾飞的能力。现在我们来制作邪龙上下移动的程序。

首先我们来调整邪龙的面向与位置，把它放置在舞台的右侧并面向左方。程序如图9-106，效果如图9-107。

（a）角色邪龙　　　　　　（b）邪龙的初始状态

图9-106　邪龙的初始化程序

图9-107 邪龙在背景前的效果

然后我们让它上下移动。首先，让邪龙一直向上移动，当它触碰到舞台上方边缘后，通过"在1秒内滑行到指定坐标"积木，从上方移动到舞台下方的固定地点，以此达到邪龙上下移动的效果，如图9-108所示。

（a）上下移动的效果   （b）上下移动的程序

图9-108 邪龙上下移动

（2）邪龙喷出的魔法弹

邪龙会从自己的口中发射魔法弹攻击我们，所以现在我们来编写魔法弹的程序。

首先创建一个魔法弹角色，然后设置它的初始状态，如图9-109所示。

（a）魔法弹角色　　　　　　　　　（b）角色的初始状态

图9-109　魔法弹角色

图9-110　设置魔法弹发出来的方向

因为邪龙是在舞台的右侧，所以它喷射魔法弹的方向是向左。如图9-110所示，设置魔法弹的初始方向。

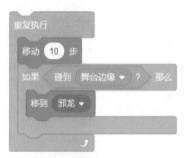

图9-111　魔法弹的脚本

我们让魔法弹从邪龙那里发出，到达场地边缘时又返回来。这一程序如图9-111所示，效果如图9-112所示。

图9-112　魔法弹的效果

图9-113　魔法弹角色克隆出一个自己

（3）增加魔法弹的克隆体

　　为了增加邪龙的攻击效果，我们再设置一个魔法弹的克隆体。为了和原始的魔法弹角色相区分，我们将克隆体魔法弹的初始方向与颜色改变一下，如图9-113所示。

　　同样也继续添加克隆体魔法弹的移动程序。完成的魔法弹角色及其克隆体的脚本如图9-114所示。这样，就能够产生比较完美的邪龙发射魔法弹的效果。

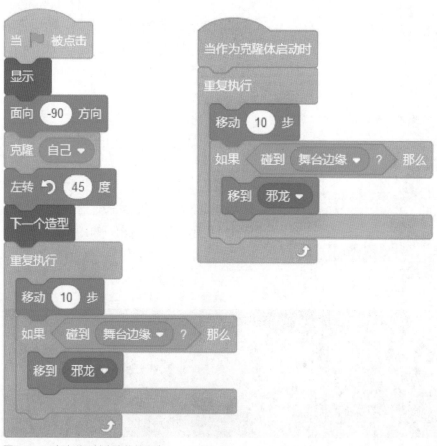

图9-114　魔法弹及其克隆体的脚本

9.5.2 勇者的形象与绝技

（1）骑士现身

接下来我们编写"勇者"的程序，他是我们在游戏中的替身。这里我们选择的是"人物"类的骑士"Knight"，如图9-115所示。

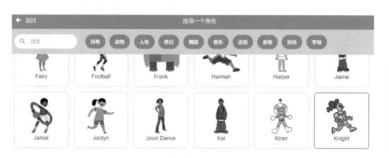

（a）选择角色Knight

（b）角色勇者的形象

图9-115　角色勇者

图9-116　勇者角色的状态信息

图9-117　通过键盘控制骑士上下移动

然后更改角色的信息，如图9-116所示。

现在编写骑士的移动程序。与邪龙不同，我们可以通过键盘的"↑"键和"↓"键来控制骑士的上下移动，如图9-117所示。

（2）圣剑出鞘

还记得上一节我们获得的圣剑吗？骑士的绝技就是使用圣剑。在这个新的游戏里，我们需要再次为"圣剑"重新创建一遍角色。当然如果不使用圣剑的话，也可以选择角色中的闪电或是在Scratch库中选择其他自己喜欢的武器。

接下来设置圣剑角色的名称、大小以及初始方向，如图9-118所示。对于方向，我们可以调整一下里面的数字，选择一个效果最佳的方向。

图9-118　圣剑角色的状态

现在编写圣剑的攻击程序。和魔法弹类似，我们也让圣剑每次都从骑士这里发射，碰到邪龙或舞台边缘时返回到骑士这里。圣剑的这部分程序如图9-119所示，效果如图9-120所示。

图9-119　圣剑的脚本

图9-120 圣剑攻击的效果

勇士斗邪龙
游戏规则

9.5.3 编写游戏规则

目前为止，骑士与邪龙的攻击手段和移动方式都已经编写完成了。但是我们的游戏规则还没有说明，没有规则就谈不了胜负。接下来，我们就来确定规则程序。

首先创建两个变量，"龙的血量"和"骑士血量"，如图9-121所示。

新建变量	✕

新变量名：

龙的血量

⦿适用于所有角色   ○仅适用于当前角色

取消 确定

新建变量	✕

新变量名：

骑士血量

⦿适用于所有角色   ○仅适用于当前角色

取消 确定

（a）新建变量"龙的血量"   （b）新建变量"骑士血量"

图9-121 新建两个变量

（a）骑士角色

（1）骑士的规则

我们在骑士角色的程序中设置游戏开始时的骑士血量为50，如图9-122所示。

设置当骑士碰到魔法弹时，骑士血量会减少1，程序如图9-123所示。

骑士程序就编写完成了，最终程序如图9-124所示。

（b）初始血量

图9-122　骑士角色及其初始血量设置

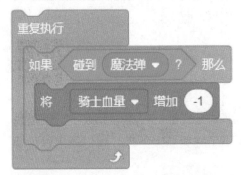

图9-123　骑士碰到魔法弹时血量减1

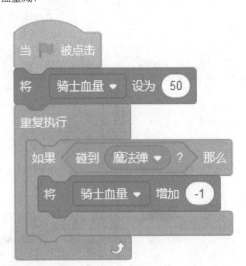

图9-124　角色骑士的脚本

（2）邪龙的规则

同样，我们也要确定邪龙角色的游戏规则。首先将它的血量设定为100，如图9-125所示。

当邪龙碰到圣剑时，将邪龙的血量减少5，如图9-126所示。

当邪龙的血量等于0时，它会说"被打败了"，然后消失。程序如图9-127所示。

最后，我们再将新加的这部分程序添加到重复执行积木中就完成了邪龙的脚本，如图9-128所示。

（a）邪龙角色

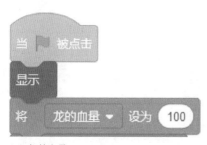

（b）初始血量

图9-125　邪龙角色及其初始血量设置

图9-126　邪龙碰到圣剑时血量减5

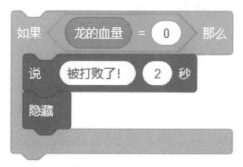

图9-127　邪龙消失的条件

图9-128　角色邪龙的脚本

（a）魔法弹角色

（b）魔法弹消失的条件

图9-129　当邪龙失败后，魔法弹也要消失

（3）魔法弹的规则

在邪龙被打败后，我们要将魔法弹也隐藏起来，如图9-129所示。魔法弹及其克隆体的最终程序如图9-130所示。

勇者斗邪龙的程序终于完成了。让我们控制骑士拿起手中的圣剑打倒邪龙吧！

图9-130　魔法弹角色及其克隆体的程序脚本

第 10 章

积木中的数学家

冒险者成为骑士并击败了邪龙，拯救了美丽的公主与 Scratch 王国。现在我们已经掌握了 Scratch 中的大部分技能，只有运算积木还没有被我们征服。相传运算积木隐藏在不为人知的 Scratch 大陆南方的贤者之森中，让我们起身前往贤者之森，获得 Scratch 大陆中最后的技能吧。在传说中的贤者之森的最深处隐藏着运算积木，我们如果想要真正掌握所有积木就要通过贤者设置的各种考验。先来学习一下什么是运算积木吧。

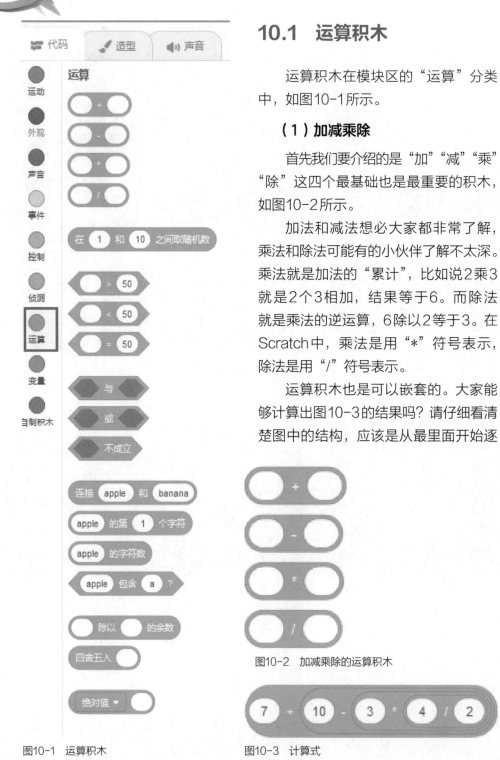

图10-1 运算积木

10.1 运算积木

运算积木在模块区的"运算"分类中，如图10-1所示。

（1）加减乘除

首先我们要介绍的是"加""减""乘""除"这四个最基础也是最重要的积木，如图10-2所示。

加法和减法想必大家都非常了解，乘法和除法可能有的小伙伴了解不太深。乘法就是加法的"累计"，比如说2乘3就是2个3相加，结果等于6。而除法就是乘法的逆运算，6除以2等于3。在Scratch中，乘法是用"*"符号表示，除法是用"/"符号表示。

运算积木也是可以嵌套的。大家能够计算出图10-3的结果吗？请仔细看清楚图中的结构，应该是从最里面开始逐

图10-2 加减乘除的运算积木

图10-3 计算式

层向外计算。千万别想当然地按照从左向右的顺序计算。正确的计算顺序应该是图10-4所示。

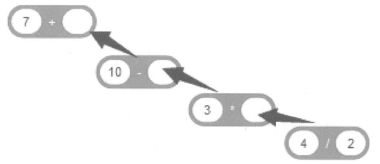

图10-4　计算过程

思考

大家可以思考一下这样嵌套的计算顺序是什么。

答：Scratch中每个参数积木都可以近似认为是一个小括号，因此图10-4表示7+（10-（3×（4/2）））。根据先算小括号的顺序进行计算：
4/2＝2，3×2＝6，10-6＝4，7+4＝11。

写成我们更容易观看的表达式应该是：

$$7+\{10-[3\times(4\div2)]\}=11 \qquad (10\text{-}1)$$

点击一下该积木，Scratch就会显示计算结果，如图10-5所示。

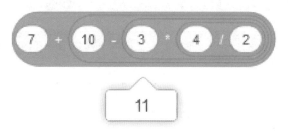

图10-5　点击积木得到结果

在两个指定数之间取随机数也属于参数积木，它可以根据我们指定的范围随机取一个数。例如图10-6所示是在1和100之间取随机数，某时刻取的随机数是95，但另一时刻可能就是1到100之间的另一个数值了。

图10-6 取一个范围之内的随机数

（2）比较积木

如果是比较两个数的大小，这和上面介绍的参数积木不同。图10-7的这三个比较积木属于条件积木。

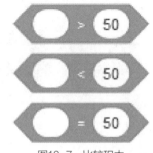

图10-7 比较积木

结合图10-6与图10-7这两种积木并且放在条件积木中（图10-8），它表示什么意思呢？

图10-8 积木的组合

它的意思就是：在1和100之间取一个随机数，如果这个随机数大于50就执行条件积木内部的程序。

（3）逻辑条件积木

图10-9中这三个积木为逻辑条件积木，和比较积木一样，这三个积木也属于条件积木。它们是怎么操作的呢？

图10-9 逻辑条件积木

"与"必须是积木内两个条件同时成立时才能起到作用。比如我们要求变量a必须大于50，同时必须小于100的时候就做某件事情，写成程序就是图10-10。

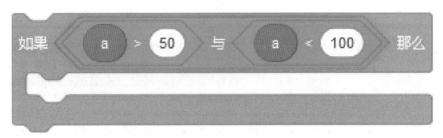
图10-10 逻辑"与"的使用

若a是55，$a > 50$是成立的，$a < 100$也是成立的。所以"与"前后的两个条件同时成立，就去做条件积木"如果……那么……"内部的事情。

若a是35，$a > 50$是不成立的，$a < 100$是成立的。"与"前后的两个条件没有能够同时成立，就不去做条件积木"如果……那么……"内部的事情。

"或"积木为两个条件中有一个满足时就能使用。比如我们要求变量a必须大于50或者等于50时去做某事，就要用到图10-11。

图10-11 逻辑"或"的使用

若a是55，$a>50$是成立的，$a=50$是不成立的。所以"或"前后的两个条件中前面的条件成立，就去做条件积木"如果……那么……"内部的事情。

若a是50，$a>50$是不成立的，$a=50$是成立的。所以"或"前后的两个条件中后面的条件成立，就去做条件积木"如果……那么……"内部的事情。

若a是35，$a>50$是不成立的，$a=50$也是不成立的。"或"前后的两个条件都不成立，就不去做条件积木"如果……那么……"内部的事情。

注意　数学上有"大于等于"这个符号"≥"，但逻辑上指的就是"大于或等于"这两个条件满足其一即可。

思考　如图10-12所示，如果这里使用"（$a>50$）与（$a=50$）"会怎么样？

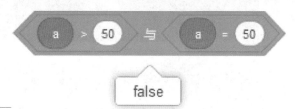

图10-12　关于逻辑"与"的思考

答：用"与"积木的话，"与"前后的两个条件必须全满足的时候才成立，既要求一个数a大于50，也要求它等于50，很明显根本就没有一个数能满足要求。所以不论a等于多少，图10-12都无法成立，给出的答案都是false。false是"错误"的意思，在计算机语言中称为"假"，也就是条件不成立。与之对应，true是"正确"的意思，称为"真"，也就是条件成立。大家可以点击各种条件积木来获取当前条件的真假。

"不成立"积木（图10-13，也叫"否积木"）则要简单得多，就是当某条件不成立时才执行后面的程序。如图10-14中，我们把$a<50$积木放入"不成立"积木的条件框时，a必须大于等于50才能使"不成立"积木的结果满足条件。如果$a=51$，那么"$a<50$不成立"这句话就是对的。

图10-13　"不成立"积木

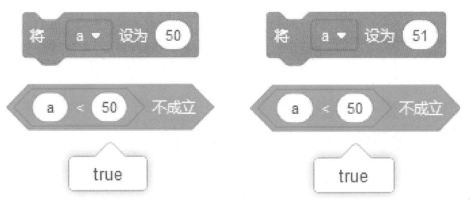

图10-14 "不成立"积木的使用

图10-15 字符相关积木

（4）字符相关积木

图10-15中的这四个积木和字符有关。在计算机领域，字符包括各种语言中的单词和标点符号。

图10-16 字符连接

图10-17 字符连接举例

其中，图10-16所示的积木表示直接连接两个字符。这个积木的功能就是"连接"，而不是我们前面所说的加减乘除计算。"连接"意味着直接相连，不考虑任何规则。

举一个例子。如图10-17所示，连接12和5。结果不是（12+5）也不是（12×5），而是125，就是简单地把两个字符连起来。

图10-18 字符连接后可以直接使用

（a）连接字母和数字

（b）连接符号和字母

图10-19 连接积木的例子

图10-20 非数字的计算

而且连接之后还可以直接作为数字进行计算，如图10-18所示。

不仅是两个数字可以连接，输入的任何形式的字符都可以进行连接，如图10-19所示。

但是如果连接的两个字符不全是数字的话就不能正确地进行加减乘除计算了，这是因为非数字的字符除了"."以外会自动等价为数字0，如图10-20所示。只有"."符号代表小数点。

经过连接后的数字有如下约定：".1"代表"0.1"；"1."代表"1.0"，也就是1。如图10-21所示。

我们还可以对英文单词或字符串做处理。图10-22就是提取字符串的第一个字符。这个很容易理解，就是提取我们输入字符串的首位。

（a）0.1+2

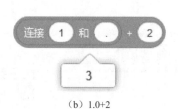

（b）1.0+2

图10-21 数字连接后的计算

（a）提取单词的第一个字母

（b）提取字符串的第一个字符

图10-22 提取字符串中的某个字符

图10-23 获得字符串的字符个数

图10-23是得到一个字符串的字符个数。比如"apple"一共含有5个字符，于是结果等于5。

当然还可以搜索当前字符串里面是否含有某个字符。如图10-24所示，这个积木属于条件积木。

图10-24 检查是否包含某个字符

补充 运算积木

（5）其他的运算积木

图10-25 其他的运算积木

图10-25就是运算积木的最后几个了。和前面的积木不同，这几个积木可能没有学到，在这里先简单介绍一下，用到的时候再详细解释。

图10-26是除法求余数的积木。余数指在整数的除法中，被除数除以除数未被除尽的部分，并且余数不能大于除数。例如27除以6，商数为4，余数为3。

图10-26 求余数积木

被除数除以除数，如果被除数比除数小的话，商数为0，余数就是被除数自己。例如1除以2，商数为0，余数为1；2除以3，商数为0，余数为2，如图10-27所示。

图10-27 被除数小于除数的时候余数等于被除数

四舍五入积木则用于含有小数的数字，当所包含的小数部分小于0.5时舍去，大于或等于0.5时进1，如图10-28所示。

（a）四舍五入积木　　（b）小数部分舍去　　（c）小数部分进1

图10-28 四舍五入积木的计算

图10-29所示这个积木为函数积木，可以选择绝对值、向下取整、向上取整、平方根、三角函数等。对于函数的计算，后面需要的时候我们再解释。

以上介绍的就是运算积木，至此我们已经学习完Scratch中自带的全部积木。但这并不是学习的结束，而是新启程的开始。

图10-29　函数积木

10.2　四则运算游戏

在前面我们学习了四则运算中的加减乘除，现在就让我们一起做个小游戏，来切身体会运算积木的强大吧。

游戏：猜猜 n 天以后是星期几。

说明：一周有七天，今天的星期数加上 n 之后再除以7取余数，余数的值就是 n 天以后星期几。为什么要除以7呢？因为计算星期的时候是7进制。假如今天是星期二，那么一天以后就是星期三，计算的话就是取 $[（2+1）÷7]$ 的余数，正好是3。七天以后呢？$[（2+7）÷7]$ 的余数是2，所以七天之后是星期二。那八天以后呢？$[（2+8）÷7]$ 的余数是3，所以八天之后是星期三。

首先我们建立三个变量，分别为"星期几""天数"和"今天"，如图10-30所示。

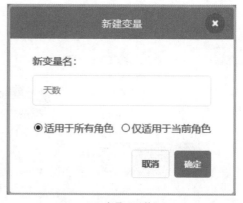

（a）变量"星期几"　　　　　　　　　　（b）变量"天数"

（c）变量"今天"

图10-30　建立新变量

现在使用"侦测"分类中的"询问"模块询问今天是星期几，如图10-31所示。

图10-31　使用询问积木

这时舞台上就会出现对话框，如图10-32所示。我们可以在对话框中输入一个数字。由于一周只有7天，不可能出现星期八，所以用一个"如果……那么……否则……"积木来限定我们的输入，如图10-33所示。

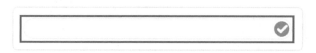

图10-32　舞台上的情景

图10-33 对输入的数字进行判断

希望将键盘输入的数字赋值给"今天"这个变量，程序如图10-34所示。

现在继续询问想知道多少天之后的信息，如图10-35所示。

将这次的回答赋值给变量"天数"，如图10-36所示。

现在开始分析一下。因为一周只有七天，也就是七天为一个周期，超过七天时，我们要从星期一重新计算。因此除以7的余数就能满足我们的要求。前面讲过，余数是指在除法中被除数未被除尽的部分，且余数的取值范围为0到除数之间（不包括除数）的整数。所以我们将除数设为7（计算星期是7进制）。表10-1给出了7天之内的计算思路，当超过7天之后就循环使用这个表。

图10-34 将输入的数字赋值给变量"今天"

"今天"赋值变量

图10-35 询问"经过了多少天"

图10-36 将第二次输入的数字赋值给变量"天数"

表10-1　星期与天数的关系表

星期数	余数表达式	余数	答案
星期一	（1+0）%7	1	星期一的0天后是周一
星期二	（1+1）%7	2	星期一的1天后是周二
星期三	（1+2）%7	3	星期一的2天后是周三
星期四	（1+3）%7	4	星期一的3天后是周四
星期五	（1+4）%7	5	星期一的4天后是周五
星期六	（1+5）%7	6	星期一的5天后是周六
星期日	（1+6）%7	7	星期一的6天后是周日

根据上面的分析编写的程序如图10-37所示。

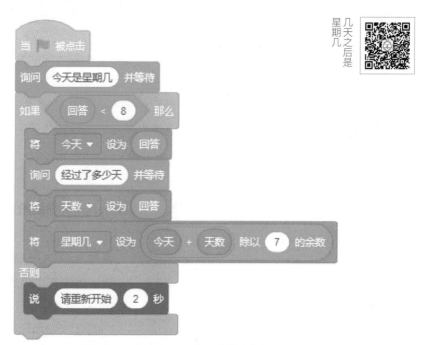

图10-37　求几天后是星期几的游戏脚本

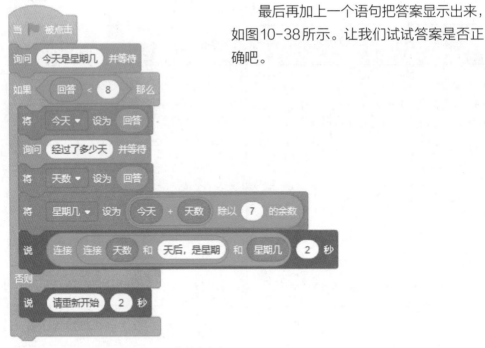

最后再加上一个语句把答案显示出来，如图10-38所示。让我们试试答案是否正确吧。

图10-38　完整的求几天后是星期几的游戏脚本

（a）选择造型

10.3　求解鸡兔同笼问题

鸡兔同笼是中国古代的数学名题之一，也是现在小学奥数的经典题目。它的问题就是已知笼子内鸡和兔子共有多少个头和共有多少只脚，求鸡和兔子各有多少只。

（b）三个角色猫、兔子和鸡

图10-39　创建角色

（1）创建角色和变量

现在就让我们用Scratch来干净利落地解决这个问题吧。首先在角色库中选择三个角色，分别是猫、兔子和鸡，如图10-39所示。

让它们在舞台上分别移开一定的距离，如图10-40所示。

图10-40　三个角色的位置

变量

现在新建四个变量"兔的只数""鸡的只数""脚""头"，如图10-41所示。

图10-41　建立4个变量

（a）角色猫

（2）完成猫角色的脚本

首先使用侦测分类中的"询问"积木询问笼子里鸡和兔子一共有几个头，如图10-42所示。

（b）询问鸡和兔子一共有几个头

图10-42　询问已知条件

我们在键盘上输入数字并赋值给"头"这个变量，如图10-43所示。

图10-43　将输入的数字赋值给变量

以同样的方法询问笼子里的鸡和兔子一共有多少只脚，程序如图10-44所示。

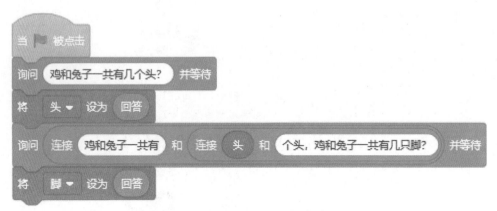

图10-44　将已知条件分别赋值给变量

（3）讨论鸡兔同笼问题的解法

① 假设法。我们都清楚，每只鸡有两只脚，每个兔子有四只脚，鸡和兔子都有一个头。不妨举一个例子，先假设鸡和兔子共有88个头，244只脚，那么鸡和兔子各有多少只呢？

我们这样来假设，如果让每只鸡都"金鸡独立"用一只脚站着，而让每只兔子都用两条后腿像人一样用两只脚站着，那么地面上出现脚的数量就是已知总数的一半，也就是244÷2 = 122（只），减少了122只脚。要知道笼子里每当有一只鸡做金鸡独立的话，笼子里脚的总数就会少一只，而每一只兔子用两条腿站着的话笼子里脚的总数就会减少2。所以减少的122这个数包括了所有的鸡的数量和两倍的兔子的数量。换句话说就是鸡的数量加上两倍兔子的数量之和是122。根据已知条件又知道，鸡的数量加上兔子的数量是88，因此122减去88就是一倍的兔子的数量，也就是实际的兔子数量。所以兔子有（122-88 = 34）只，当然鸡就有（88-34 = 54）只。因此答案是：笼子里有兔子34只，鸡54只。

上面的计算可以归结为下面的算式：

$$总脚数÷2-总头数 = 兔子数 \qquad (10-2)$$

$$总头数-兔子数 = 鸡数 \qquad (10-3)$$

我们也可以这样去考虑。假设笼子里面全都是鸡，那么一共应该有（2×88 = 176）只脚。但实际上因为里面有兔子，导致实际的脚的总数比这个数字要多，多了（244 – 176 = 68）只。每只兔子比鸡的脚数要多（4-2 = 2）只，也就是每多出一只兔子就要多出2只脚，所以多出来的68只脚对应的兔子数是（68÷2＝34）只。而鸡的只数就是（88 － 34 ＝ 54）只。

② 解方程法。设鸡和兔子共有35个头，94只脚，求鸡和兔子各有多少只。

先利用一元一次方程求解。

a. 解：设兔子有x只，则鸡有（35-x）只。

$$4x+2（35-x）=94$$

解得

$$x=12$$

鸡：35-12 ＝ 23（只）

b. 解：设鸡有x只，则兔子有（35-x）只。

$$2x+4（35-x）=94$$

解得

$$x=23$$

兔子：35-23 ＝ 12（只）

答：兔子有12只，鸡有23只。

注意　通常设方程的未知数x时，选择腿数多的动物会好计算一些，这一方法可以套用到其他与鸡兔同笼类似的问题上。

再用二元一次方程组求解。

解：设鸡有x只，兔子有y只。

$$\begin{cases} x+y=35 \\ 2x+4y=94 \end{cases}$$

解得

$$\begin{cases} x=23 \\ y=12 \end{cases}$$

答：兔子有12只，鸡有23只。

③ 抬腿法。设鸡和兔子共有35个头，94只脚，求鸡和兔子各有多少只。

方法一：这个方法在前面的假设法中提到过。假如让每只鸡各抬起一只脚，每个兔子各抬起2只脚，还有（94÷2 = 47）只脚。得到兔子的数量是（47-35 = 12）只。

方法二：假如鸡与兔子都抬起两只脚，还剩下（94 - 35×2 = 24）只脚，这时鸡是坐在地上，而地上只有兔子的脚，而且每只兔子有两只脚在地上，所以有（24÷2 = 12）只兔子，有（35 - 12 = 23）只鸡。

方法三：假设都是兔子。我们可以先让每只兔子都抬起2只脚，那么地上还有（35×2 = 70）只脚，脚数和原来差（94-70 = 24）只脚，这些都是每只兔子抬起2只脚造成的，一共抬起24只脚，用24÷2得到兔子有12只，用35-12得到鸡有23只。

（4）编写Scratch程序脚本

解决这类问题的方法有很多，这里就不再一一介绍了。我们选择最容易理解的假设法编写程序。

首先计算兔子的个数，根据前面假设法的推导得出结论公式（10-2），也就是总脚数÷2-总头数 = 兔子数。程序如图10-45所示。

图10-45 计算兔子的数量

然后根据公式（10-3）计算出鸡的只数，如图10-46所示。

最后通过广播积木来让角色鸡与角色兔子分别说出自己的个数。完整的程序如图10-47所示。

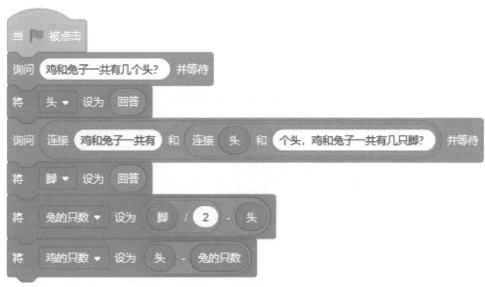

图10-46 求解鸡兔同笼问题的程序

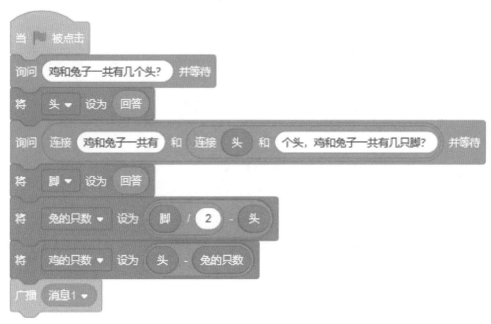

（a）猫角色的脚本

图10-47

（b）兔子角色的脚本

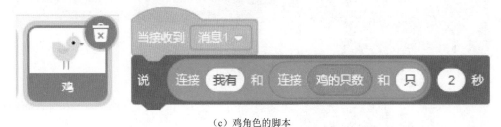

（c）鸡角色的脚本

图10-47 鸡兔同笼求解游戏的各个角色程序脚本

至此，鸡兔同笼游戏就编写完成了。大家快自己动手试试是不是和自己算的一样吧！

第11章

自己动手编游戏

现在我们已经将 Scratch 中的积木基本学
习完了。除了 Scratch 自带的丰富多样的
积木，我们还可以动手创造出自己的积木，
用我们自己的积木编写属于自己的游戏。

如何自制积木

11.1 自制积木

自制积木是左边模块区的最后一个图标，点击"制作新的积木"就能制作自己的积木了，如图11-1所示。

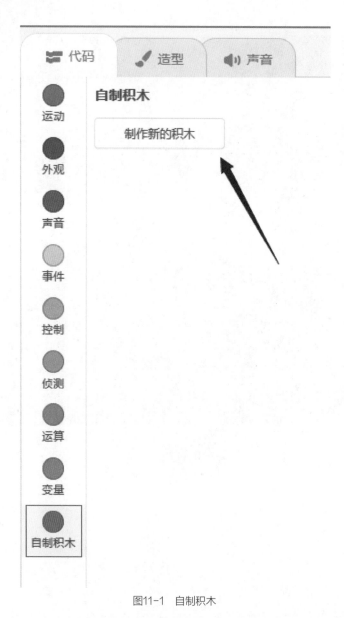

图11-1 自制积木

此时进入"制作新的积木"窗口，在这里可以自定义积木的名称，如图11-2所示。

图11-2　制作新的积木

自制积木的建立

三个选项图标可以添加不同的功能，如图11-3所示。

（a）添加参数模块　　　　　（b）添加条件模块　　　　　（c）添加文本说明模块

图11-3　在新的积木中可以添加不同的功能

例如，我们建立名称为"画一个边长为"的积木，添加两个参数模块［图11-3（a）添加输入项图标］与两个文本说明模块［图11-3（c）添加文本标签］，结果如图11-4所示。

图11-4 添加新模块的例子

当我们不需要某个模块时，可以选中模块并点击模块上的垃圾桶图标，就能把选中的模块删除了。

现在可以在文本说明模块中填写信息，分别填写文字"的"和"边形"，如图11-5所示。

图11-5 新建的积木

之后点击"完成"即可，如图11-6所示。它的意义就是：画一个边长为多少（变量number1）的几（变量number2）边形。

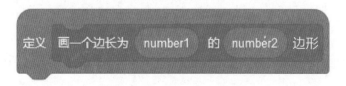

图11-6 完成的自制新模块

你知道吗？

定义积木其实就是计算机编程的自定义函数。函数是指一段在一起的、可以做某一件事的程序。一个较大的程序一般应分为若干个程序块，每一个程序块用来实现一个特定的功能。所有的高级语言中都有子程序这个概念，用子程序实现模块的功能。

如果要画图形，我们还要用到左下角扩展模块中的画笔积木，如图11-7所示。

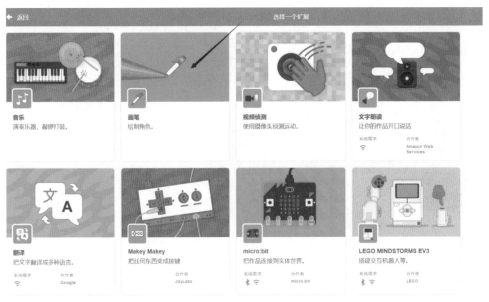

图11-7　选择画笔

点击画笔积木，我们就能使用各种积木来画图形了。图11-8显示了画笔包括的积木。

图11-8　画笔中的积木

用画笔开始绘画之前一定要先选择落笔积木，如图11-9所示。

在画一个正多边形的时候，我们需要知道每个边的长度以及画完一条边之后旋转多少角度再画第二条边。每条边的边长就是number1的数值，那么画完一条边之后需要旋转多少角度再去画第二条边呢？这里是有公式的，如下：

正n边形在绘制第二条边时需要旋转的角度是（$360 \div n$）度

图11-9 使用落笔积木

例如画正三角形时，第一条边绘制完成后需要逆时针旋转（$360 \div 3 = 120$）度再画第二条边。而画正方形的时候，第一条边绘制完成后需要逆时针旋转（$360 \div 4 = 90$）度再画第二条边。程序如图11-10所示。

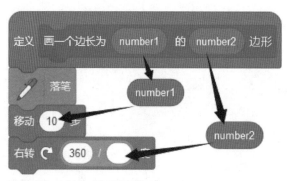

图11-10 绘制正n边形的程序

这一过程重复n次就可以完成正n边形的绘制了。请大家仔细思考之后将程序脚本补充完整。图11-11是绘制边长50的正九边形的结果。

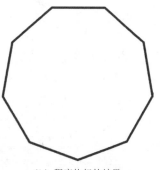

（a）使用自制积木　　　　　　　　　（b）程序执行的结果

图11-11 利用自制积木绘图

我们平时可以保存一些自己制作的积木块，这样在需要的时候就可以方便地直接拿来使用了。

11.2　Scratch世界的精彩之旅

现在我们完全掌握了Scratch中的所有操作，让我们想想怎么才能靠自己的双手编出以前曾经玩过的经典游戏吧。

11.2.1　弹珠游戏

控制一块挡板运动不让弹珠掉下来的游戏大家都玩过吧。现在我们就制作这个游戏，首先利用图11-12的工具绘制两个角色。

图11-12　绘制角色的工具

角色1：木板。通过直线工具画一条表示木板的直线（图11-13），当然也可以用其他图案来表示。

角色2：边界。在场景的最下面绘制出边界，如图11-14所示。

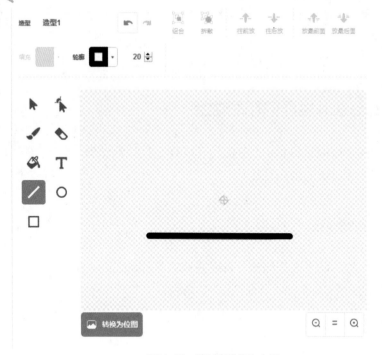

图11-13　绘制直线作为木板

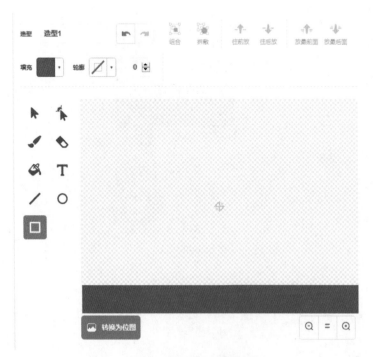

图11-14　绘制边界

角色3：篮球。我们从Scratch角色库中导入主角篮球"Basketball"，如图11-15所示。

图11-15　篮球角色

下面是对木板角色的控制：让木板在我们的控制下左右移动，如图11-16所示。

图11-16　对木板角色的控制

之后我们让篮球动起来。首先切回到对篮球的编辑，让篮球移动到舞台上方的任意一个位置，比如我们选取的一个坐标，如图11-17所示。

（a）角色篮球

（b）初始化篮球的位置

图11-17　角色篮球的脚本

让篮球以随机的方向运动（图11-18），这样我们就无法提前预知，增加了趣味性和紧张感。

图11-18　篮球运动的方向随机

图11-19　篮球碰到边缘就反弹

图11-20　篮球碰到木板时改变方向

篮球在移动过程中如果碰到边缘就反弹，如图11-19所示。

当篮球碰到木板时，篮球的方向就会改变，好像是被"弹出"，如图11-20所示。

我们规定当篮球掉到下面的紫色边界时游戏结束，如图11-21所示。

最后将所有的积木拼装到一起就完成了我们的弹珠游戏，程序如图11-22所示。

图11-21　定义游戏结束的规则：掉到下面的紫色边界

11.2.2　射击气球

不知道大家是否玩过射击气球的游戏。不知道怎么玩？别着急，咱们自己设计这个游戏。完成后还可以修改角色和参数，让这个游戏更符合自己的习惯。

首先创建我们的角色，直接从Scratch库中调用气球角色，如图11-23所示。

现在我们绘制一个瞄准镜的角色，可以用椭圆工具和直线工具来实现，如图11-24所示。还记得我们绘制过电子琴的琴键和海底的迷宫吗？绘制工具还是挺好用的。

图11-22　弹珠游戏的脚本

Balloon1

图11-23　气球角色

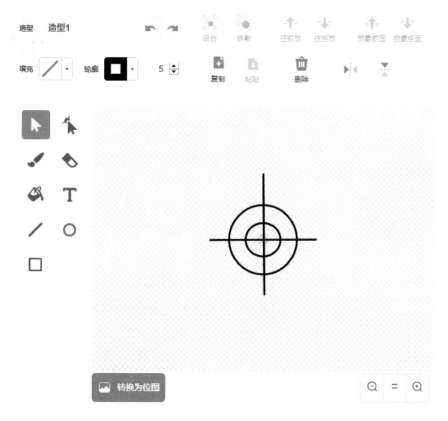

图11-24　绘制瞄准镜

接着我们为瞄准镜添加一个音效，以便更好地让我们知道是否在射击，如图11-25所示。

（a）选择声音的选项　　　　　　　　　　（b）添加的音效

图11-25　为瞄准镜添加音效

瞄准镜的制作

（a）瞄准镜角色

（b）移动到鼠标的地方

图11-26　瞄准镜随鼠标移动

图11-27　当按下鼠标左键射击时发出声音

图11-28　气球角色

（1）瞄准镜的脚本

首先编写程序让瞄准镜随着鼠标的移动而移动，如图11-26所示。

每当我们按下鼠标左键时就发出声音来提示我们，因此加上刚才添加的音效，如图11-27所示。

（2）气球的脚本

接下来我们编辑气球角色（图11-28）。首先新建一个名为"得分"的变量，用来记录我们成功射击的次数，如图11-29所示。

气球应该是可以在舞台上随机出现的，出现后进行移动。程序如图11-30所示。

新建变量

新变量名：

得分

◉适用于所有角色　○仅适用于当前角色

取消　　确定

图11-29　为气球建立新变量"得分"

当我们按下鼠标左键时，如果鼠标操纵的瞄准镜在气球上，我们就让得分变量加1，同时气球会随机在另一个位置出现，程序如图11-31所示。

最后我们将气球的程序组合在一起，完整的程序如图11-32所示。

图11-30　气球在舞台上出现的方式

射击气球的程序

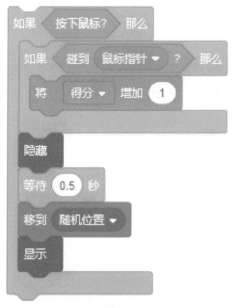

图11-31　击中气球时的处理

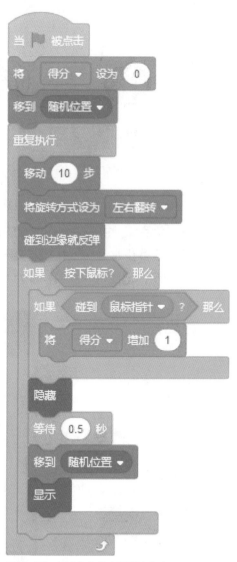

图11-32　气球角色的完整程序脚本

这样，我们的射击气球游戏就完成了，请试试能得多少分吧。如果改变角色的大小或者改变一下气球移动的速度，就可以改变游戏的难度了。

11.2.3 收集水果

现在我们再做一个用小车接水果的游戏，面对屏幕上纷纷落下的各种水果，你的小车能接住多少呢？

首先，我们创建水果角色，选择了苹果、香蕉和草莓，如图11-33所示。

图11-33 三种水果角色

当然还少不了一个用来接水果的小车，如图11-34所示。你也可以翻看Scratch的角色库，挑一个自己喜欢的造型用来接水果。

到底接了多少水果呢？我们还要再创建一个变量用来记录接到的水果数，如图11-35所示，记住将变量名称改为"水果数"。

图11-34 接水果的小车角色

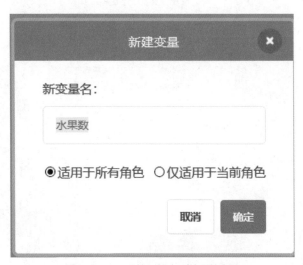

图11-35 记录接到的水果数量的变量

（1）小车的脚本

小车刚启动的时候车里的水果数应该是0，所以初始化变量"水果数"等于0，如图11-36所示。

（a）小车角色   （b）变量"水果数"初始化

图11-36 小车角色和变量初始化

当我们按到键盘上的左右键时让小车也要随之左右移动，程序如图11-37所示。

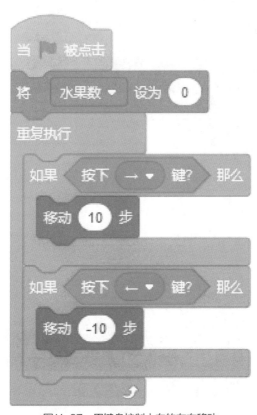

图11-37 用键盘控制小车的左右移动

（2）水果的脚本

接下来对水果进行编程。首先是苹果，如图11-38所示。

图11-38　苹果角色

苹果的运动规则是：以舞台上方的随机位置为起点垂直下落。程序如图11-39所示。

图11-39　苹果的运动

当碰到舞台边缘时苹果消失，同时在上面生成新的苹果继续下落，如图11-40所示。

图11-40　新苹果的诞生

如果苹果被小车接到的话，这个苹果消失，在舞台上面生成新的苹果继续下落，将我们的水果数量增加1。如图11-41所示。

图11-41　小车接到苹果时的处理

同样，对香蕉和草莓的程序我们也可以这么写。为了体现不同，我们将接住一个香蕉的得分变为2，让草莓的移动速度变为7。图11-42（a）和（b）为香蕉角色及其程序脚本，图11-43（a）和（b）为草莓角色及其程序脚本。

（a）香蕉角色 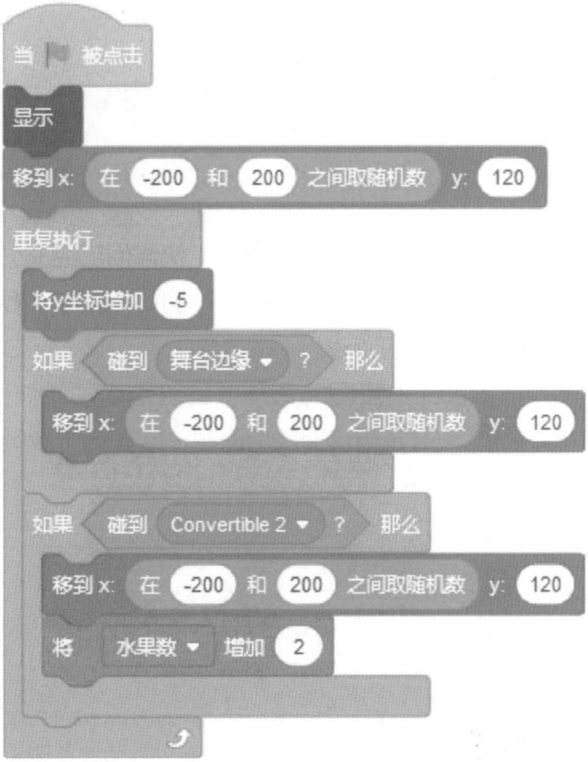　　　　　　　　（b）角色香蕉的脚本

图11-42　角色香蕉及其程序脚本

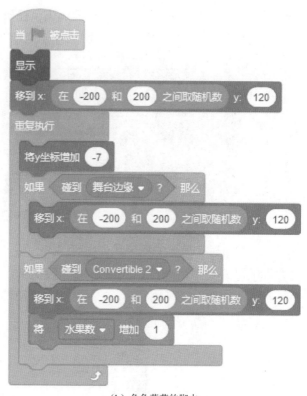

（a）草莓角色　　　　　　　　　　　　（b）角色草莓的脚本

图11-43　角色草莓及其程序脚本

经过设计开发这些游戏，想必小伙伴们已经充分掌握了Scratch程序的主要使用方法。其实还可以尝试修改游戏的角色和各种参数，甚至修改游戏规则，你们也能开发出更好的游戏。

恭喜，Scratch王国的第一次冒险结束了，你们已经正式踏入了编程的大门！等你做队长准备再次冒险的时候一定要叫上我呦。

Scratch 游戏的制作启发

第12章

现实中的游戏世界——搭建交互机器人 EV3

现在，大家应该已经可以动手编辑属于自己的积木以及程序了，但是，这些程序还只是停留在"虚拟"中。那么，大家想不想将这些程序从"虚拟"中带到"现实"中呢？下面就来学习如何制作出能运行自己程序的机器人吧。

LEGO，中文名乐高，可能有些小伙伴们已经玩过乐高积木了。这种塑胶积木一头有凸粒，另一头有可嵌入凸粒的孔（图12-1），形状有1300多种，每一种形状都有12种不同的颜色，以红、黄、蓝、白、绿为主。通过小朋友自己动手动脑可以拼插出变化无穷的造型，令人爱不释手，被称为"魔术塑料积木"。

图12-1　各种乐高积木

乐高EV3就是乐高积木推出的第三代MINDSTORMS机器人（图12-2），是一个带有电动机和传感器的发明套件，可以搭建交互式机器人。

EV3配备了一块"智能砖头"程序块设备，用户可以使用它来对自己的机器人编辑各种指令。它还可以与Scratch连接并能带来更多玩法：搭建一个讲故事的机器人、自制乐器和游戏手柄以及你能想到的其他东西。

图12-2　乐高EV3机器人

Scratch

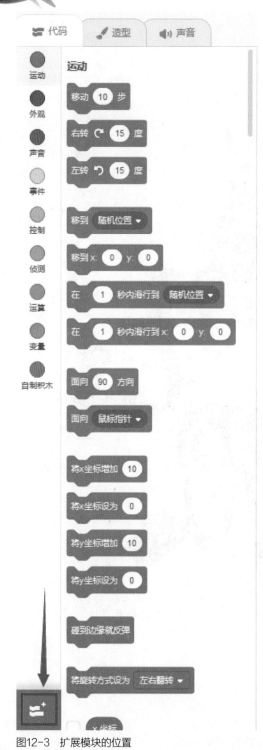

图12-3　扩展模块的位置

12.1　连接LEGO EV3

我们如果想要通过Scratch使用EV3机器人，可以先进入左下角"扩展模块"，如图12-3所示。

然后在扩展模块中选择LEGO MINDSTORMS EV3，如图12-4所示。

图12-4　LEGO MINDSTORMS EV3扩展模块

之后会出现图12-5的界面。

图12-5　连接蓝牙

要让电脑上的Scratch与EV3相连，需要Scratch Link软件与电脑蓝牙的支持。Scratch Link在Scratch官网进行下载或者点击连接界面的"帮助"，就会自动跳转到下载地址。

首先我们选择自己需要的操作系统，这里选择Windows系统。如图12-6所示。

图12-6 选择驱动安装系统

　　然后选择"直接下载"（图12-7），当然此软件也可以在Microsoft商店中免费下载。

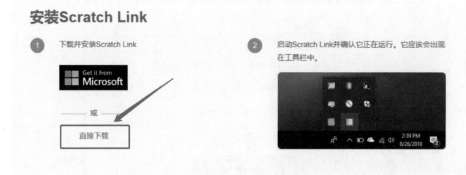

图12-7 选择下载方式

　　下载完后会得到一个压缩包（图12-8），进行解压操作。

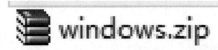

图12-8 下载得到压缩包

解压之后点击应用程序，根据提示进行相应的安装，如图12-9所示。

（a）点击Next

（b）安装完毕点击Finish完成安装

图12-9　安装过程

这样Scratch Link就安装完毕，下面开启电脑的蓝牙。

首先选择如图12-10位置的桌面左下角的Windows设置。打开设置中的设备（图12-11）。

图12-10　Windows设置

Windows 设置

查找设置

系统
显示、声音、通知、电源

设备
蓝牙、打印机、鼠标

手机
连接 Android 设备和 iPhone

网络和 Internet
Wi-Fi、飞行模式、VPN

个性化
背景、锁屏、颜色

应用
卸载、默认应用、可选功能

帐户
你的帐户、电子邮件、同步设置、工作、家庭

时间和语言
语音、区域、日期

游戏
游戏栏、DVR、广播、游戏模式

轻松使用
讲述人、放大镜、高对比度

Cortana
Cortana 语言、权限、通知

隐私
位置、相机

更新和安全
Windows 更新、恢复、备份

图12-11　Windows中的设备

开启蓝牙（图12-12）。

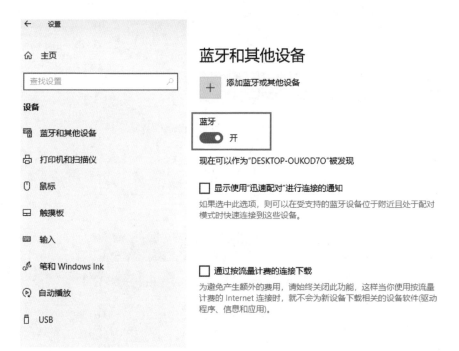

图12-12　打开设备中的蓝牙

　　然后开启EV3并按住中间的按钮不放，具体操作如图12-13所示，然后找到该EV3的设备名称，进行连接（图12-14）。

图12-13　按住按钮与电脑配对

（a）EV3 成功开启

（b）EV3 与电脑蓝牙配对中

（c）EV3 成功连接

图12-14　EV3与电脑连接过程

EV3和Scratch已经通过蓝牙连接好，在代码区里的LEGO EV3指令的右上角，显示连接已经完成，如图12-15所示。

现在，我们就可以通过Scratch积木来编写LEGO EV3了。

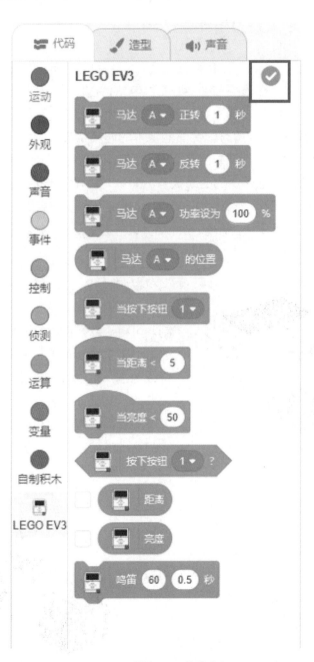

图12-15　模块区显示连接成功

12.2 LEGO EV3积木

12.2.1 LEGO EV3传感器介绍

在介绍积木之前，我们先看看LEGO EV3中都包含什么部分。

EV3程序块是机器人的控制中心和供电站，它长得像砖块，如图12-16所示，名字叫做"Brick"，是整套积木的核心，也就是整个EV3机器人的"大脑"。在这个砖块的基础上，配合其他积木的连接件和传感器，在它的能力范围之内，EV3可以变成你想要的任何作品、任何造型。它有六个按键界面，可通过颜色的改变指示程序块的活动状态，配有一块高分辨率的黑白显示屏、内置扬声器、USB端口、一个miniSD读卡器、四个输入端口和四个输出端口。还支持通过USB、蓝牙和Wi-Fi与计算机进行通信。

图12-16　EV3程序块

大型电机：它是一个强大的"智能"电机，如图12-17所示。它有一个内置转速传感器，分辨率为1度，可实现精确控制。可将这款智能电机调校为与机器人上的其他电机同步运行，使得机器人能匀速直线前进，可以编排更加精准有力的机器人动作。此外，还可将其用在实验中获取精确的读数。大型电机经过优化成为机器人的基础驱动力，相当于EV3机器人"四肢与脚"的功能。

中型电机：和大型电机一样，它包含一个内置转速传感器（分辨率为1度），但是它比大型电机更小更轻，因此比大型电机反应更迅速，如图12-18所示。它可以被编程为开启或关闭，控制运行特定时间或进行指定数量的旋转。它非常适合低负载、高速度的应用，以及机器人的设计中需要更快的响应时间和更小的配置的情况。

图12-17　大型电机

图12-18 中型电机

大型电机转速为160～170转每分钟，旋转扭矩为20N·cm，失速扭矩为40N·cm（更低但更强劲）。中型电机转速为240～250转每分钟，旋转扭矩为8N·cm，失速扭矩为12N·cm（更快但弱一些）。两种电机都支持自动识别。

红外传感器：它是一种数字传感器，可以检测从固体物体反射回来的红外光，也可以检测到从远程红外信标发送来的红外光信号，如图12-19所示。它可以检测机器人的近程，读取EV3红外信标发出的信号，因此可以创建远程控制机器人，导航绕开障碍物，进而学到红外技术如何应用到电视机遥控器、监控系统，相当于EV3机器人"眼睛"的功能。

图12-19 红外传感器

图12-20 超声波传感器

超声波传感器：EV3数字超声波传感器会发出超声波并对回声进行解读，以检测和测量与物体之间的距离，如图12-20所示。该传感器也可通过发出单一声波用作声呐装置，或监听声波以触发程序的启动。例如，可以设计一个交通监控系统，测量车辆之间的距离。

图12-21　陀螺仪传感器

陀螺仪传感器：它可以测量机器人的转动性运动和方向的变化，如图12-21所示。我们可以测量角度，创建平衡的机器人，进而探索驱动了现实世界中导航系统和游戏控制器等一系列工具的技术。

颜色传感器：它是一种数字传感器，可以检测到进入传感器表面小窗口的颜色或光强度，如图12-22所示。该传感器可用于三种模式：颜色模式、反射光强度模式和环境光强度模式。它可以区分八种不同的颜色，还可用作光线传感器，可以检测光线的强度。我们可以创建颜色分类和巡线的机器人，通过不同颜色的反射光线进行试验。

图12-22　颜色传感器

图12-23　触动传感器

触动传感器：它是一种模拟传感器，可以检测传感器的红色按钮何时被按压、何时被松开，并且可以对单一或多次按下进行计数，这意味着可以对触动传感器编程，使其对以下三种情况做出反应，即按压、松开、碰撞（按压之后再松开），我们可以创建启动/停止控制系统，相当于EV3机器人的"手臂"，如图12-23所示。

远程红外信标：这一信标在设计上是与EV3红外搜索器传感器配合使用的，它发出的红外信号可以由该传感器进行跟踪，通过向红外传感器发送信号，还可以用作EV3控制器的遥控装置，如图12-24所示。

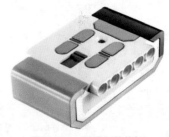

图12-24　远程红外信标

12.2.2 EV3端口介绍

EV3的程序块与各个传感器以及PC的连接端口如图12-25所示。

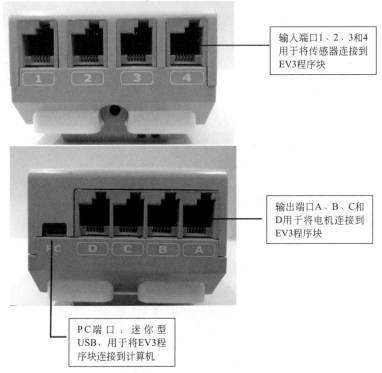

输入端口1、2、3和4用于将传感器连接到EV3程序块

输出端口A、B、C和D用于将电机连接到EV3程序块

PC端口：迷你型USB，用于将EV3程序块连接到计算机

图12-25　程序块各个端口

USB主机端口：可用于添加一个USB Wi-Fi适配器以连接到无线网络，或将最多4个EV3程序块连接到一起。SD卡端口：可插入SD卡扩展EV3程序块可用内存（最多支持32GB）。如图12-26所示。

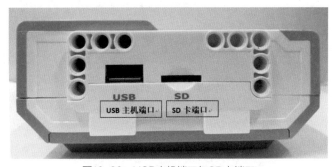

图12-26　USB主机端口与SD卡端口

12.2.3 LEGO EV3积木块

现在，小伙伴们已经对LEGO EV3有了进一步的认识，那么让我们来看一看Scratch中都提供什么神奇的积木来驱动LEGO EV3吧。

图12-27中的积木都是用来控制马达（电动机）的，其中图12-27（a）的两个积木用于控制LEGO EV3中的马达旋转方向，正转为顺时针旋转，反转为逆时针旋转。图12-27（b）的积木可以调节马达的功率，功率越高，转速越快。图12-27（c）的积木可以获取马达的位置信息。

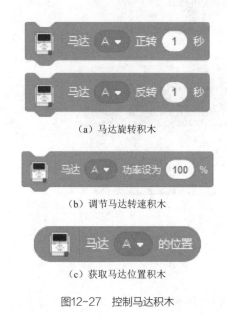

（a）马达旋转积木

（b）调节马达转速积木

（c）获取马达位置积木

图12-27　控制马达积木

刚才我们介绍过，LEGO EV3中的马达分为两种，一种为大型电机，另一种为中型电机。

下面的几个积木为各个传感器的使用积木，图12-28（a）为触动传感器相关积木，当我们按下LEGO EV3中的触动传感器按钮时，会触发之后相应的程序。图12-28（b）为距离检测积木，当红外传感器或超声波传感器检测到一定距离时，会触发之后相应的程序。图12-28（c）为亮度检测积木，当颜色传感器检测到一定的亮度时，会触发之后相应的程序。图12-28（d）为触动传感器条件积木，用来判断是否按下按钮。图12-28（e）为声音积木，它能使用LEGO EV3自带的扬声器发出声音。

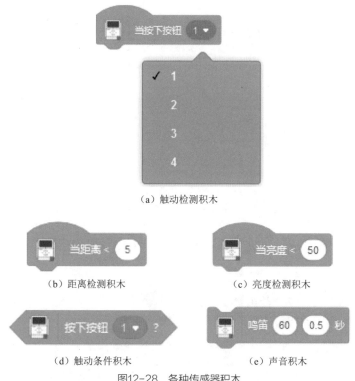

（a）触动检测积木

（b）距离检测积木

（c）亮度检测积木

（d）触动条件积木

（e）声音积木

图12-28　各种传感器积木

12.3　让LEGO EV3动起来

　　我们在前面学习了Scratch中的LEGO EV3积木与LEGO EV3的硬件，那么现在就让我们自己动手组装一个拍球小游戏，让现实中的LEGO与电脑里的Scratch进行互动吧。

　　首先创建两个角色，一个为篮球（图12-29），一个为旗子。大家如果找不到旗子可以像图12-30手动输入"flag"进行查找。

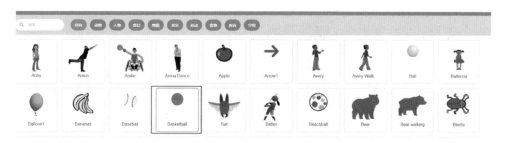

图12-29　新建篮球角色

Green Flag

图12-30 查找旗子角色

然后建立一个名为"得分"的变量，如图12-31所示。

图12-31 新建"得分"变量

下面对两个角色分别进行编写。首先对图12-32的篮球角色进行程序编写。

图12-32 篮球角色

设置篮球的初始位置（图12-33）。

图12-33 设置篮球的初始位置

当我们距离红外传感器小于5时会击打一次篮球，程序如图12-34所示。

图12-34 设置距离检测模块

做出篮球击打的效果，同时添加音效，并让变量"得分"加一分。如图12-35所示。

图12-35 对篮球动作以及音效进行编辑

下面对图12-36的旗子角色进行设置。

图12-36 旗子角色

首先我们为旗子增加两个声音，如图12-37所示。

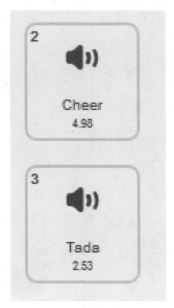

（a）添加声音　　　　　　　　　　　　　（b）选择声音

图12-37　添加并选择声音

之后对旗子进行初始化。首先我们让旗子面向90度，并让"得分"变量为0，如图12-38所示。

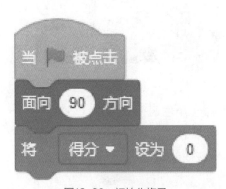

图12-38　初始化旗子

然后我们设置当得分大于10之后，发出"舞动旗子"的广播并播放刚才添加的两个声音（图12-39）。

图12-39 添加舞动旗子条件

当我们接收到"舞动旗子"的广播时，让现实中的LEGO EV3上的马达转动，如图12-40所示，模仿旗子舞动的效果。大家可以在马达上用乐高积木拼出一个旗子，来更形象地模仿效果。

图12-40 控制EV3转动马达

同时，我们也让Scratch舞台上的旗子同步舞动，如图12-41所示。

图12-41 同步Scratch中旗子的舞动

这样旗子的程序就编写完成了，旗子的总程序如图12-42所示。

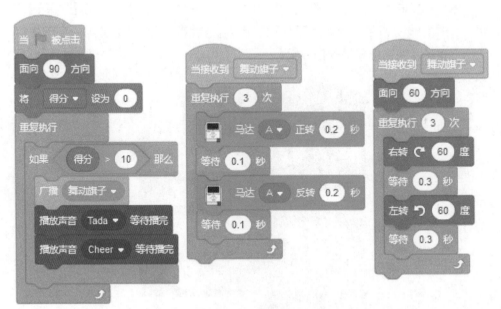

图12-42 旗子总程序

小伙伴们快动手试试，看看现实中的LEGO EV3能不能影响电脑中的Scratch吧！

参考文献

[1] 李强，李若瑜. 少儿学编程：Scratch 3.0少儿游戏趣味编程［M］. 北京：
   人民邮电出版社，2019.

[2] 刘凤飞. 轻松玩转Scratch编程［M］. 北京：清华大学出版社，2017.

[3] 李强，林子为，郝敬轩. Scratch 3.0少儿编程趣味课［M］. 北京：人民邮
   电出版社，2019.

第76页问题
答案